U0159166

微信扫码

THE AI FACTOR

How to Apply Artificial Intelligence and Use Big Data to Grow Your Business Exponentially

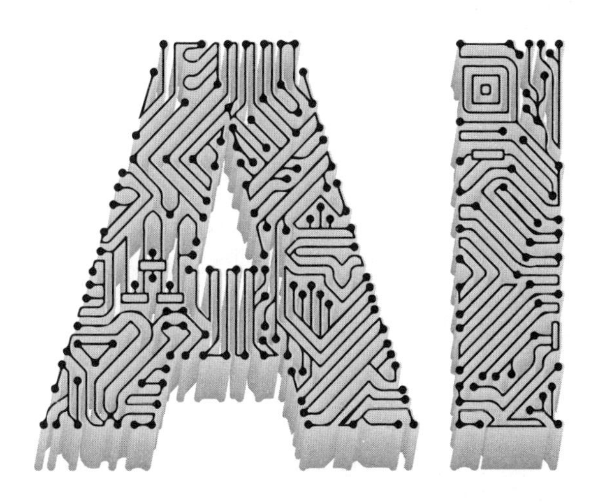

AI大战略

[美]阿莎·萨克塞纳（Asha Saxena）◎著　李欣瑜◎译

中国出版集团
中 译 出 版 社

THE AI FACTOR by Asha Saxena

著作权合同登记号：图字 01-2024-0092 号

图书在版编目（CIP）数据

AI 大战略 / (美) 阿莎 · 萨克塞纳著 ; 李欣瑜译
. -- 北京 : 中译出版社 , 2024.4
书名原文 : The AI Factor:How to Apply
Artificial Intelligence and Use Big Data to Grow
Your Business Exponentially

ISBN 978-7-5001-7772-2

Ⅰ . ① A… Ⅱ . ①阿… ②李… Ⅲ . ①人工智能 Ⅳ .
① TP18

中国国家版本馆 CIP 数据核字（2024）第 049661 号

AI 大战略

AI DA ZHANLÜE

著　　者：[美] 阿莎 · 萨克塞纳（Asha Saxena）
译　　者：李欣瑜
策划编辑：于　宇　华楠楠
责任编辑：于　宇
文字编辑：华楠楠
营销编辑：马　萱　钟筱童
出版发行：中译出版社
地　　址：北京市西城区新街口外大街 28 号 102 号楼 4 层
电　　话：（010）68002494（编辑部）
邮　　编：100088
电子邮箱：book@ctph.com.cn
网　　址：http://www.ctph.com.cn

印　　刷：山东临沂新华印刷物流集团有限责任公司
经　　销：新华书店
规　　格：880 mm × 1230 mm　1/32
印　　张：9
字　　数：146 千字
版　　次：2024 年 4 月第 1 版
印　　次：2024 年 4 月第 1 次

ISBN 978-7-5001-7772-2　　　定价：79.00 元

中　译　出　版　社

本书献给

“数据和人工智能领域女性领袖”（WLDA）组织的成员，

我们的组织将企业高管聚集在一起，

致力于共同创造具有影响力的、公平公正的数字世界。

我在 2020 年创立了 WLDA，

这是一个高管之间的同行人脉组织和智囊团社区，

目标是通过女性和男性领导者的共同努力，

促进企业的可持续发展。

这些了不起的人物已经在重要场合占有一席之地，

并且正在努力让更多人加入他们的行列。

序 言

普华永道（PwC）最近的一项研究显示，截至 2030 年，人工智能将为全球经济赋值 15 万亿美元以上。然而，在 2022 年的今天，莫宁咨询公司（Morning Consult）最近的一项研究表明，目前全球只有 35% 的企业应用了人工智能。为了在 2030 年达到预期，实现人工智能为全球经济赋值的目标，更多企业应当开始应用人工智能。

那么，为了达到目标，我们还应该做哪些努力？这本书将为您解答一切。

有以下四点值得关注，它们之间是高度关联和紧密联系的，你可以称为四个“缺失的环节”。第一点，必须有一个评估系统来展示人工智能真实的商业价值。因为衡量人工智能模型的正确标准并非数量，而应当与节约成本或增加收入息息相关。第二点，是要信任人工智能。要实现这一点，人工智能的应用必须是透明的、可解释的、公平的、稳健的，而且必须保护用户隐私。第三点，在整个企业中，人工智能的应用全程必须是可以被观察到的。最后一点，人工智能战略必须与商业战略紧密结合。通过弥补以上这些缺失的环节，你就可以将人类置于人工智能成果和整个价值链的中心。

在应用人工智能的过程中，人的因素经常被忽略。通常情况下，当企业谈论以人为本的人工智能时，它们更多的是从用户体验的角度出发。而阿莎的这本书从被人工智能影响的用户和人工智能使用者的双重视角出发，这两者可能是同一个人，也可能不是。她还在商业发展中引入了人的因素，这是到目前为止，我自己还没有考虑过的。

你可以通过人工智能制定最优策略，但如果你的计划不适用于你的业务，或是你的客户不采用你的计划，那么你的投资回报率将会沦为负数。信任对双方都至关重要。我根据个人经验确定了一些重要的问题，为了彻底解决这些问题提高信任度，你还需要考虑人的因素。这本书将帮助你以一种非常有效和具有高度可扩展性的方式做到这一点。

阿莎在这本书中所描述的方法经过了深思熟虑，基于其丰富的经验，可以帮助企业建立完全基于自身业务战略的人工智能战略。提出这一独特观点的本书作者阿莎，无论是过去还是将来，在数据应用和商业经营两个领域都非常成功。

她提出的“数据力量图”为弥补上述四个缺失的环节奠定了基础。

这本书还提供了一些附加价值：你将能够确定自己如今在商业奋斗之旅中所处的位置，并不断地在“数据驱动型公司的力量象限”中衡量企业的定位。你可以将“数据驱动型公司的权力象限”看作“数据力量图”的前身，这样就可以将数据应用与业务战略联系起来。

通过网飞和星巴克等公司的现实案例，本书介绍了如何成功地在企业中大规模应用人工智能，并且以引人入胜的方式诠释了阿莎提出的方法具有怎样的价值，以及具体的实践方法，因而这本书具有很强的可读性。作者还引用了一些知名度没那么高，但同样非常重要并且具有可复制性的商业案例，这些案例有的来自她个人的职业生涯，有的来自业内其他知名专家。

人工智能将为全球经济带来超过15万亿美元的GDP，如果你希望自己的公司也能从中分一块“蛋糕”，那么我建议你花些时间阅读这本书，尤其是去践行这本书中提到的理念。

你的公司能从这15万亿美元中分得多少？

赛斯・多布林（Seth Dobrin）

IBM第一位全球首席人工智能官

前言

对于奥克兰运动家队（Oakland Athletics）而言，20 世纪 90 年代是成绩平平的 10 年。许多人指责奥克兰运动家队不能像洋基队这样的大球队那样雇用最优秀的球员。然而无论是过去还是现在，现实都是，像纽约和洛杉矶这样拥有大量电视转播收入的球队，总能比奥克兰运动家队这样的小球队多出 2 倍甚至 3 倍的预算。

2002 年，奥克兰运动家队是美国职业棒球大联盟中收入最低的三支球队之一，比洋基队要落后好几个“光年”的距离。如果还是没有聘请顶级球员的预算，他们的发展前景将十分不乐观。但是总经理比利 · 比恩（Billy Beane）另有打算。通过使用一种被称为“赛伯计量学”的棒球资料统计技术，他的球队颠覆了大众对球员个人潜力的传统观念。他们没有依赖球探的直觉和过于简化的数据，而是使用非传统的方法来重新衡量被低估球员的价值。比恩认为，由于被低估的球员身价往往较低，所以他可以在预算紧张的情况下组建一支能够获胜的球队。

迈克尔·刘易斯（Michael Lewis）在著作《魔球：逆境中致胜的智慧》[1]（*Moneyball: The Art of Winning an Unfair Game*）中介绍了比恩的观点，有一部 2011 年上映的同名电影就是改编自这本书。刘易斯认为，比恩的新方法从根本上改变了棒球比赛。

那一年，奥克兰运动家队创下了史无前例的 20 连胜纪录，并在当年和次年进入了季后赛。

自此之后，其他球队和其他体育项目都开始采用以数据为中心的方法来经营体育业务，而这种方法使他们的成绩实现了飞跃。《福布斯》（*Forbes*）杂志的一位作家指出，如今的体育业务经营中有三个新主角：大数据、数据分析和人工智能（也就是 AI）。[2]

一、为什么选择写这本书

像其他许多人一样，你可能想知道这本书提出的方案对你的企业是否具有可行性。从迈克尔·刘易斯的著作，到斯坦利·库布里克（Stanley Kubrick）担任制片人的经典电影

《2001 太空漫游》(2001: *A Space Odyssey*),再到一系列关于人工智能的书籍和文章,你已经对其潜力有了一定了解。但问题在于"我能做些什么",以及"这本书与其他关于人工智能的书籍有什么不同之处"。

在你继续读下去之前,让我告诉你为什么我觉得有必要写这本书。是的,市面上已经有许多关于人工智能、机器学习、预测分析和各种数据技术重要性的书籍。其中有些甚至会解释高管支持、数据认知和整体数据准备的重要性,正如我所做的一样。但是其他关于人工智能的著作,都不能满足连贯一致的数据战略相应的独特文化需求。这本书全面涵盖了这些内容:我们为什么需要人工智能,如何开始采取行动,以及成功应用人工智能所需的指导框架和重要元素。

我和我的同事卡梅隆·戴维斯(Cameron Davies)讨论过这方面的问题,他是百胜餐饮集团的首席数据官,也是我在2020年创立的组织——"数据和人工智能领域女性领袖"(WLDA)的可靠伙伴。我在2020年创立了WLDA,它是一个相互分享的智囊团社区,也是一个任务导向型的人脉组织。像所有其他朋友一样,卡梅隆·戴维斯问我这本书有什么独特之处。

"每个人都从技术角度谈论人工智能和组织准备,"他说,"他们从数据的角度来探讨这个问题。但是没有人从文化的角度讨论组织准备。是的，我们常常探讨需要如何改变文化，但我们往往忽视了现有文化如何影响你解决问题的方式。”

他接着说：“以维珍集团为例，首席执行官布兰森直接表示，‘我希望在未来五年内实现这些人工智能项目，你们来推动项目落地。’这是一个不容拒绝的任务。但在其他公司，即使首席执行官赞同数据战略，其他四位高管或其他四个部门，或者董事有可能并不认同这一战略，或者有其他优先事项需要更早执行。”

我知道卡梅隆问题的答案。在这本书中，我要做的不只是肯定大数据和人工智能早已广为人知的智慧，我必须找到一种方法，在避免将问题简单化的前提下，在广泛、实用和跨文化的层面上，为商业和数据决策者提供帮助。我必须找到一个模型，就像马斯洛需求层次理论一样[①]，既能够独立存在，又能够帮助每个人快速直观地理解这些概念。更重要的是，这个模型将为他们提供一张清晰的蓝图。如果你愿意的话，可以在这张蓝图的指引下，用四个步骤让人工智能成为现实。

我决定创造自己的方法，进而构造人工智能特定版本的

① 对于极少数需要快速回顾这个概念的人，我推荐索尔·麦克劳德（Saul McLeod）博士的精彩总结：simplypsychology.org/maslow.html。

典型“商业模型图”。和最初的版本一样，我的版本提供了一个可视化的概述，这份概述阐释了制定和衡量一个成功的战略（包括潜在的权衡取舍）所需的构成模块，人工智能、机器学习和预测分析都包括在内。它的目的是制定一个清晰的战略，我希望这个战略对每个人而言都是不言自明的。

听起来有点儿大言不惭对吗？那么，我请你继续读下去，看看人工智能和大数据如何实现你曾经从未想象过的事情。

二、如何有效识别、收集和利用大数据

25 年前，我开始了我的数据应用之旅。从计算机科学工程师开始，我成为一名科技企业家，创建了一家大型数据管理咨询公司、一家电子商务公司和一家医疗保健服务分析软件公司。在 CXO 培训中心、国际 CEO 培训中心和 WLDA 的支持下，我为一些企业领导人提供建议，他们希望能从这些数据技术中获得商业价值，而这些数据技术往往非常晦涩难懂。

无须赘述，我一直被数据科学、计算机工程和数学本身的魅力深深吸引。在我咨询职业生涯的早期，我发现许多公司的重点目标是优化关系数据库，而关系数据库包含的数据是结构化的。“让我们把所有东西都放到数据储备库里，”他

们说，“这样我们就能生成有意义的报告。”现在，情况已经从根本上发生了改变。大数据革命使我们能够使用和处理结构化和非结构化数据，从而深入了解我们的消费者、商业环境等。

对于企业来说，由于大数据具有“3V”的特点，数据困境已经变得愈加严峻，这一点我们将在第二章中进行探讨。第一个“V”是“Volume”（数量）。数据数量呈指数级增长，达到千万亿字节[3]甚至更高。第二个“V”是“Velocity”（速度）。得益于越来越快的处理器和连接速度，数据传输的速度正在接近即时实时访问。第三个“V”是“Variety”（种类）。这也是三个特点中最具挑战性的一个。目前的海量数据主要都是非结构化的，由对话、图像、音频、视频和其他与传统数据不同的形式组成。这样看来，难怪商业领袖们很难找到大数据内在的第四个“V”：“Value”（价值）。

随着我的职业生涯从数据科学领域发展到商业领域，很久之后我才开始注意到一些重要的事情。走出我的科研圈，我发现商业领袖和高管们知道他们需要数据，但不知道如何找到数据，也不知道如何处理他们已经拥有的数据。（实际上，数据科学家经常面临着相反的问题。他们知道如何处理数据，但并不总是能看到数据的全部商业潜力。）

事实上，许多商业领袖已经具备了利用数据取得巨大成功的潜力，即使这样的人并非大多数。可问题是他们不知道如何找到或利用数据。正如本书所述，有效识别、收集和利用大数据的唯一方法是使用人工智能。这些数字技术模仿了人类思维解决问题和做出决策的能力，它们能够以比人类更高的精度和速度分析和解决模式化问题。人工智能并非大型企业的专利，你也可以利用它。

在关于人工智能及其相关技术的许多误解中，最具误导性的是只有规模庞大、经营成熟的大型企业才可以使用这些技术，而且它们的使用在某种程度上是不道德或不负责任的。媒体通常会夸大这种大型科技公司主导大数据的形象，这就导致中小型企业的领导者对运用大数据缺少信心。例如截至目前，“三大”科技公司（谷歌、脸书[①]和亚马逊）主导着数字广告支出，这得益于它们使用人工智能和客户数据来预测消费者行为。但这无法确保它们的持续主导地位，因为对用户数据的使用牵扯到隐私问题，有可能继而引发人们的强烈反对。[4]这种负面的新闻报道分散了我们的注意力，让我们忽略了这样一个事实：其他公司正在从用户行为分析和消费者行为预测中受益，并且正在以更加负责任和可持续的方式这样做。

① 脸书即 Facebook，已于 2021 年 10 月更名为 Meta。——译者注

三、为什么运用数据和人工智能很重要

这本书是关于你和你的公司业务，以及你拥有的数据所隐藏的潜力。就像奥克兰运动家队一样，你正在与巨大的、看似不可动摇的内外束缚作斗争。但就像比利·比恩一样，你有可能获得一些数据，而这些数据可以帮你解锁不同结果。（或者你可能已经有了数据，但不知道该如何处理。）与 2002 年不同，现在你有更多的机会利用人工智能和其他力量，以全新的、不可思议的方式充分利用大数据，继而推动你的企业或组织取得更多成就。这些事情或许不可思议，但你需要做的仅仅是下定决心，以明智的方式利用大数据的力量。

你所在行业的其他人可能还认为人工智能是一种神秘莫测的东西，所以我们来做个试验。询问其他人当天是否使用了人工智能，在看到他们露出困惑的表情后，他们最有可能的回答是“没有用过”。如果你继续追问他们，你会发现他们对人工智能知之甚少。他们觉得人工智能只是自己在电影或电视上看到过的东西。即使它存在于此，也并不会真正影响他们的日常生活。也许你也是这样认为的，但事实并非如此。

如果你在智能手机上使用个性化的银行应用程序，那么你就是在使用人工智能。它可以保护你的账户不被可疑活动侵扰，使用你手机的摄像头进行支票存款，并根据你的活动

和偏好推荐消费和理财产品。如果你在网上购物，你就是在使用人工智能，它会根据你的浏览记录和购买行为推荐商品和选项。如果你使用网上约会软件，人工智能会使用你所有的个人资料数据来为你选择合适的约会对象。现代医疗服务也越来越多地受到人工智能的影响，人工智能会研究数据模式，进而为医生和患者提供更快捷、更清晰的信息，而这些数据模式的来源往往是碎片化的。甚至一些汽车保险公司现在也使用人工智能来监控驾驶行为，并且为安全驾驶提供奖励。简而言之，人工智能无处不在。

你不仅每天都会使用人工智能很多次，而且还会用到人工智能的基本组件，包括大数据、云计算、智能设备等，并从中受益。这本书是关于所有这些技术动力的，无论我们是否意识到，它们已经成为我们生活中不可或缺的一部分。这些技术不仅能让个人消费者受益，还能让善于利用这些技术的公司事半功倍。这本书就是实现这种增长的详细指南。

在过去，对人工智能的抵触情有可原；但如今，企业不能再忽视它了。尽管媒体对大数据和人工智能的描述具有一定误导性，但它们如今是实现商业价值增长的关键途径。即使是现在，媒体仍以一种过度耸人听闻的方式来描述人工智能。以 Replika 为例，[5] 这是一款由人工智能驱动的聊天机器人应用程序，用户可以用这款程序创建自己的虚拟朋友。一些评论家肯定了它的积极作用，比如给缺乏归属感的人提供一个不受评判的倾诉渠道，但也有人担心这款软件存在道德和隐私方面的问题。[6]

近期，新闻媒体都会警惕地对待有关人工智能的话题，指出人工智能和面部识别被越来越多地用于压迫性的政治目的。[7]

有时，它也会在公共场合引发许多尴尬，微软就从其命运多舛的聊天机器人 Tay 身上得到了一些教训。起初，Tay 的定位是一款人工智能聊天机器人。[8]该公司试图基于人工智能对其所有粉丝的帖子进行处理，在社交媒体上创造一个很酷的、接近千禧一代的形象。然而，可想而知，这变成了一场公关灾难。推动 Tay 成长的数据来源包括了网络喷子故意发布的大量恶帖。结果，Tay 的角色迅速演变成了一个狭隘的种族主义者。从技术上讲，人工智能可以顺利运行，但由于被恶意扭曲的数据，它没能按照其创造者希望的方式运行。负责任的人工智能是由四根"支柱"来支撑的：组织、运营、技术和声誉。[9]如果微软能更严格地遵守以上四点要求，这场灾难很可能不会发生。我们将在第四章更详细地讨论这些问题。

问题在于，即使是真实的，这些故事也加深了公众对人工智能和大数据的普遍误解。这些误解在影视作品中被进一步放大，我们将在第二章中进一步讨论这一点。因此，我们会受到一种无意识的偏见影响，从长远来看，这种偏见不利于我们未来的发展。无论是作为个人还是企业经营者，我们都可能会说“人工智能对我来说太庞大、太可怕、太复杂了”。然后我们还会补充说：“只有像亚马逊和脸书这样的大公司才能使用人工智能和大数据。”有时我们还会猜想人工智能具有很强的侵略性，甚至存在道德争议。但正如我们即将在这本书中看到的，这些想象和推测都不是真实的。事实上，随着越来越多的公司和非营利组织学会以负责任的方式应用这些技术，人们会发现人工智能带来的价值和影响力的增长不仅在商业方面令人印象深刻，而且这些影响是有益的，最终是可持续的。

四、应用人工智能的四个步骤

像任何一位值得尊敬的作者一样，我将尽我所能在这里给你们做一个简短的总结——这样当你的同事想要讨论这个问题时，你就可以坚持自己的观点。

但如果你迫不及待地想要开始行动，并进一步了解这本书中描述的原则，欢迎你翻到第一章直接开始阅读。

本书的第一章从两家“家喻户晓”的公司——网飞和星

巴克开始，这两家公司的发展体现了许多可以使商业价值倍增的数据战略。第二章展开阐述了人工智能的概念，将关于人工智能的传说与真实的科学区分开来，并对每种技术所具有的潜力做出了更清晰的解释。在第三章中，我们研究了大量不同的企业类型——每一种类型的企业，其商业目的和组织结构都各不相同，但所有类型的企业都受益于如今的人工智能发展。

这些人工智能技术的力量不容小觑。在第四章中，我们概述了如何以合乎道德规范、负责任的方式运用这些技术。近期发生的事件已经证明，这项技术比之前所有的颠覆性技术都能更快地造成影响，远远超过我们现有的法律制度和传统规则所能控制的速度。这意味着，以负责任的方式使用大数据和人工智能将带来可持续增长。不仅对于公司和组织是这样，而且对我们的国家和整个地球而言也是如此。

接着，我们探讨了如何应用人工智能，这里的方法会遵循我多年来一直为商业领袖提供建议的原则。这部分会为实现人工智能和大数据的优点提供一个计划，无论你的企业或非营利组织的类型或规模如何，都可以有效地运用这个计划。以下有四个步骤。

第一，评估你的企业。为了有效利用这些技术，第一步是根据你的企业增长潜力（实际的或评估的）、创新能力和承担风险的意愿，确定你的企业目前所属的业务类型或发展阶段。第五章将帮助你厘清这些阶段。例如，一些公司的主要目标是削减成本，优化运营流程，并采用其他保守性策略。其他企业则处于发展阶段，追求兼并和收购其他公司，或是扩大本公司的市场份额。还有一些企业正在积极研究、设计、测试新产品和服务，并寻求能够为公司创造这些产品和服务的人才。最后，有些人正在寻求方法打破陈规，他们不惜一切代价进行产业转型，以期实现企业价值的指数级增长。无论你正处于上述的哪个阶段，了解你的业务需求并与其保持一致是可以实现的。一个坦诚的自我评估不会阻止你应用大数据和人工智能。相反，它将告诉你如何更高效地做到这一点。无论你领导的是哪种类型的企业，人工智能都将促使你获得成功。你的企业将会发展得规模更大、更具创新性，即使仍然只是停留在当前所处的阶段，也会变得更强大。

第二，了解企业的数据准备框架。这个过程的下一步（也是第六章的主题），是了解和定义你的企业组织架构，以及确定你的企业是否准备好了应用数据战略。企业目前利用人工智能和大数据的能力，必须基于对企业的目标、数据管理实践以及构成你的数据准备的其他因素的诚实评估。这将清楚地展现出，这些领域中哪些需要进一步发展，甚至是彻底的修改。这些改进包括你可以在公司组织结构、数据使用、战略产品规划、人力资源、研究与开发（R&D）、领导力实践和客户服务等领域采取的行动。

第三，确定最优先进行的项目。第三步（也是第七章的主题）是选择一个不仅可以通过人工智能因素加速发展，而且代表最大价值的商业目标。包括网飞和星巴克在内，没有一家公司可以同时在多个提高利润或控制成本的领域实施人工智能战略。确定最优先的领域再应用人工智能和大数据技术将实现两件事。首先，它将帮助你合理分配资源来实现一个具体的、可衡量的目标，并有很大可能取得有益的结果。其次，一旦成功，为实现第一个目标而获得和使用的人工智能专业知识，将为实现第二个目标提供参考，以此类推。这将有助于消除人们对人工智能的恐惧和误解，并激发人们对以数据为中心的、可靠的商业方法的信心。第七章还将涵盖利用大数据和人工智能实现企业转型的许多实际问题，包括回答关于你的商业模式和运营背后的数据的问题。它还提出了关于你的竞争和行业规范惯例方面的探究性问题，这些问题可能会在不经意间引导你的行为。在任何情况下，从人工智能中获益都是一个基于对数据科学现实可行的理解的过程，而任何企业都有能力做到这一点。

第四，应用、衡量和推广。在第八章中，我们将介绍人工智能的实际应用情况，评估应用结果，并尽力避免下意识的假设或偏见。我们还将介绍衡量和行动的不同标准，其中包括产品开发、客户获取、改变定价和成本结构的重要区别。这一章还将讨论一些至关重要的问题，包括将最初的数据项目扩展到其他更多领域，这可能会使你的企业或非营利组织取得超出预期的成就。

当然，人工智能还包括许多其他技术和令人兴奋的新潮流，但这些都不在本书的讨论范围之内。第九章不仅总结了这里所涉及的基本步骤，也将让你了解接下来会讲到的内容。人工智能只是走向数据独立、先进的生物识别设备以及我们目前称为虚拟世界和通过虚拟现实界面进行互动的先驱技术。与人工智能一样，这些新技术也会受到误解，甚至被目光短浅的个人和公司滥用。但也如人工智能一样，它们为更加美好的未来带来了巨大的希望。

人工智能包括的技术有一些明显重叠的领域。相关的专业术语有时晦涩难懂，因此，为了帮助读者更好地理解整体内容，本书的末尾会提供一个术语表以及一些推荐的信息来源。

无论我们是否察觉，这些技术都影响着我们企业和个人生活的方方面面。本书的目的是向商业领袖展示他们应当如何理解、适应和利用这些技术，以便在他们自己的公司和组织中实现长远的发展。它也是为了帮助技术领导者了解如何以有意义的方式利用他们的数据，并使公司的长期价值成倍增长。

无论是单个技术还是整个领域，人工智能的每个方面都有可能解决我们在追求成功的过程中，必须面对的低效问题和未满足的需求。以这些原则为框架，商业领袖和技术专家都可以发现他们所掌握的数据的巨大价值，并利用这些数据来创造持久的商业影响。

我祝愿你们每个人都能在这场令人兴奋的旅程中取得圆满成功。

目　录

第四章　合乎道德和可持续的人工智能

第五章　评估你的企业

第六章　数据准备要素

第一章

网飞和星巴克如何改变世界

要改变世界，你必须从你能掌控的事物开始，也就是从你自己的决定或者组织的决策开始。这是一本关于如何做到这一点的书。当你读完这本书，你将有一幅基本的路线图，用来指引你将非常具体的技术应用于这些决策。“人工智能”是我对人工智能技术及其相关组成部分的简称。正如你们所猜想的那样，通过阅读这本书，你们将实际了解它的指数增长潜力。为了充分理解这意味着什么，让我们来看一些知名商业案例。

我们先说两个世界知名品牌：网飞和星巴克。创业初期，这两家公司都没什么知名度。他们进入的市场领域都已经严重饱和，在美国，音像店和咖啡馆随处可见。这两家公司都曾为了提高业务成效收集数据，但收效甚微。

然而，在某个关键节点，两家公司都做出了改变。他们有意收集了大量数据，并且以真正科学的方式来应用这些数据。通过应用人工智能和大数据，两家公司都创造了一个拐点，实现在销售数量上的增长。借此机会，它们的企业价值倍增①。

显而易见，如果能使用数据和人工智能助力企业发展，或是使企业从竞争中脱颖而出，每家企业都可以成为数据驱动型企业。人工智能并非只有拥有更多数据、财政资源和技术人员的大型企业才能有效利用的东西。好消息是，任何人都可以使用数据科学来达到这样一个拐点，并使他们的业务成倍增长。

一、大卫与歌利亚：以弱胜强的故事

在 20 世纪 80 年代和 90 年代，百视达（Blockbuster）是一家家喻户晓的电影出租连锁店。在过去，周五的晚上是电影之夜。我和我的朋友们会在摆满磁带或 DVD 的音像店过道上来回走动，惊叹于那些质量并不高的电视电影，惋惜所有的热门新片都已经被租走了。最后，我们会选定几部电影，

① 在我写这本书的时候，网飞[1]和星巴克[2]正处于充满不确定因素的时期。然而，尽管这两家公司都在努力度过困难时期（就像所有公司都有可能经历的一样），从长远来看它们仍然极有可能取得成功。分析师预测，网飞和星巴克的企业价值仍将保持长期持续增长，正是因为它们致力发展人工智能。

抓起几盒超大的垃圾食品，扫描那张标志性的蓝金百视达卡上的条形码，然后就一边看电影一边吃微波炉爆米花。那是一种舒适的，同时也是老套乏味的体验。

然而，百视达的商业模式对其客户来说也有缺点。它不够方便，选择有限，而且如果你逾期归还电影，即使只是晚了一天，都会产生臭名昭著的逾期费用。（根据商业新闻媒体Quartz[3]的报告，逾期收费占该公司收入的16%。）尽管如此，百视达还是主导了电影租赁市场。截至1994年，媒体巨头维亚康姆以84亿美元收购该公司时，百视达视频公司拥有超过6 000家音像店。在此五年之后，百视达上市。

但在2010年，百视达已经申请破产。2012年，Dish收购了该公司。但到2013年，Dish又宣布将关闭所有剩余的百视达音像店。截至目前，百视达视频公司仅剩俄勒冈州本德市的一家店，[4]而该店已经被改造成了一家爱彼迎（Airbnb）民宿。

究竟发生了什么？

你可能已经知道了这个故事的主要情节。2000年，网飞的创始人里德·黑斯廷斯（Reed Hastings）和马克·伦道夫（Marc Randolph）提出以5 000万美元的价格将自己的公司出售给百视达，然而被目光短浅的百视达一口回绝了。但你可能并不那么了解百视达衰落的幕后真相。在成立仅仅13年后，网飞就能超越并且最终碾压看似不可战胜的百视达。

现在流行的说法是，百视达的领导层太过自满，没有认识到互联网的颠覆性潜力，从而浪费了百视达在市场上的巨大优势。在创新的竞赛中，他们无力回天地落后于网飞和竞争对手红盒子（Redbox）DVD 租售公司，在慌乱中实施了一些零散无效的计划，试图追上市场的脚步。在某种程度上，这是事实。百视达不愿改变的态度加速了自身的灭亡。

但网飞所做的远不止是坐享其成，静待其主要对手自我毁灭。他们热衷于更新迭代，每隔几年就要打破并且重塑自身的商业模式。

他们做出的战略决策使他们能够以超出想象的速度赶超百视达。做出这些战略决策是要基于数据的。但首先，我们要先看一个简短的案例研究。

二、小小的邮购 DVD 出租公司

网飞是黑斯廷斯和伦道夫的智慧结晶，他们很欣赏亚马逊在电子商务领域取得的成功。网飞起步于 1997 年，当时只有 30 名员工和一个包括 925 部电影的影像库。他们打算利用黑斯廷斯的计算机科学背景和伦道夫的邮购领域经验，来挑战市值 150 亿美元的家庭视频租赁行业领先企业百视达。网飞在其早期并不是一家流媒体公司。当时，能够实时传输高质量视频内容的网络带宽还没有被应用在商业领域。

在创业早期，网飞是一家邮购 DVD 租赁公司，从某种程度上来说与百视达并无不同。顾客通过网站选购 DVD，支付租赁费，然后 DVD 就会被邮寄给他们。顾客还可以在网飞网站上创建他们的“片单”，预留虚拟位置，并且以先到先得的方式租赁他们想看的电影。在网飞于 21 世纪初实行统一的月度订阅费制度后，该公司于 2002 年正式上市，并在 2003 年实现了盈利。

然而，改变家庭娱乐方式以及原创内容创作和传播的转折点也始于 2002 年。黑斯廷斯和他的团队知道，像沃尔玛和亚马逊这样的公司拥有比网飞多得多的资本，这些商业巨头也正在寻找进入家庭视频市场的机会。他们知道尽管网飞很受欢迎，但它最初的价值主张是建立在几个关键点上的：送货上门的便利性、无限制的电影租赁以及没有到期日或逾期费。而对于规模更大、资金更充足的竞争对手来说，这些经营模式都是非常容易被复制的，从而使他们能够轻而易举地带走网飞的大部分客户。

为了抵御竞争压力并继续发展，网飞需要颠覆自己的商业模式并进行创新。

黑斯廷斯在 2002 年接受《连线》（*wired*）杂志采访时，[5]

首次公开披露了他的思考过程。他在采访中说："20 年后我的梦想是拥有一家全球娱乐发行公司，为电影公司和制片人提供独特的影片发行渠道。"黑斯廷斯知道，当下载速度最终高到能够承载实时流媒体时，每个人都会拥有同样的能力，使其与网飞的邮购业务一样可以被复制。

但什么是其他竞争者无法复制的？由世界上最好的作家、制片人、导演和演员制作的出色原创节目。如果网飞能够成为这些优质节目的主要观看渠道，它将主导市场。在网飞，企业的长期愿景是"在 HBO 超越我们之前超越 HBO，让对手望尘莫及"。[6]

这个过程始于网飞的 CineMatch 系统。在客户对 20 部电影进行五星评分制打分后，该算法将利用这些数据和其他数据（包括客户的租赁历史、其他客户的评分以及关于电影本身的关键元数据）来识别用户观影模式，以预测客户未来可能想要租赁的类似电影。该算法还利用这些数据，向具有类似观影偏好的客户推荐电影。网飞与电影公司共享这些数据，以帮助电影公司制订他们的营销计划。网飞正在做每家公司都必须做的事情，如果其他企业希望自身的商业价值成倍增长的话也应该这样做：利用数据来了解客户，比客户本人更了解自己。

网飞并没有就此止步。2006 年，网飞推出网飞奖（Netflix

Prize），这成了世界性的新闻。[7]

无论是个人还是编程团队，如果能第一个创造出更准确的算法，这个算法能够基于网飞客户的个人喜好来推荐电影，该公司将向其支付 100 万美元的奖金。

该公司给了参赛者一个数据集，其中包括 1 亿多用户的电影评分。在此之后，2009 年，一个名为 BellKor's Pragmatic Chaos（BPC）的 7 人团队提供的算法最终拔得头筹，该算法比 CineMatch 算法的推荐准确率高出 10%。

网飞奖是该公司作为内容发布平台，为实现其最终目标而进行的棋局中的下一步。升级算法的最终目的不是为情侣周六的约会之夜推荐更好的浪漫喜剧电影，而是让网飞能够收集更精确、更全面的客户数据，这些数据可以展现网飞客户的观影偏好和娱乐品味。该公司正在建立一个强大的数据基础架构，而这将成为其飞速增长的关键。

三、流媒体

2005 年，黑斯廷斯发现，在线流媒体将会成为家庭娱乐的未来。2007 年 1 月，技术在某种程度上开始能够实现他的愿景。网飞宣布它将推出其视频点播服务，这项服务能够提供 1 000 部可供选择的影片。然而，当时网络宽带仍处于起步阶段，这项服务仅仅是对 DVD 邮购服务的补充而非替代。

流媒体内容很快就成了网飞的招牌，特别是随着宽带连接的普及和网络服务器的速度提升，这一趋势更加明显。尽管网飞仍然在经营 DVD 邮购业务（到 2020 年，它仍在为每年约 200 万客户邮寄 DVD），[8] 但其已经过渡到能够通过流媒体为客户提供其全部影片。人们喜欢这种能够坐在自家沙发上，从数以万计、种类繁多的节目中随心挑选的便利。然而，到了 2010 年左右，网络带宽的增加也带来了来自葫芦网（Hulu）和亚马逊金牌会员（Amazon Prime）等品牌的竞争。

黑斯廷斯在数据和人工智能方面的远见和投资得到了回报。他和网飞的领导层知道，如果他们要获得比葫芦网和亚马逊等竞争对手更多的优势，他们就不能只做别人内容的传播渠道，而是要成为原创内容的创造者。网飞庞大的用户数据库不仅使该平台有能力将电影和电视节目定向推荐给特定用户来进行宣传，它还能让网飞与电影制作人合作，并创作出专门针对其用户观影品位的内容。

电影制作人将获得一个专门的影片发行和营销渠道，从而避免了将其电影送入影院的任务。而网飞将获得一个提供原创内容的渠道。毕竟，只要有足够多的预算，任何公司都可以创建自己的流媒体服务平台。但是，如果没有网飞对大数据和人工智能的关注，就没有人能够如此顺利地创作出像《新不了情》（*Orange is the New Black*）和《异形》（*Strange Things*）这样的原创节目。

四、数据驱动型创新

于是，网飞由数据驱动创新的时代开始了。这是一个巨大的赌注，但它也带来了更多的红利。2018 年，网飞在内容上投资了约 130 亿美元，其中大部分用于原创节目。大卫·芬奇（David Fincher）的系列连续剧《纸牌屋》（*House of Cards*）于 2013 年首次上映，随后网飞又推出了更多热播剧，包括《蒙上你的眼》（*Bird Box*）（首播的周末有 4 500 万家庭收看）、《我本坚强》（*Unbreakable Kimmy Schmidt*）、《黑钱胜地》（*Ozark*）和《马男波杰克》（*Bojack Horseman*）等。正如布莱克·摩根（Blake Morgan）在《福布斯》中提到的那样："原创内容是让观众眼前一亮的原因。他们可以在很多平台观看大多数网络节目，但他们只能通过网飞直接观看原创内容。"

关于客户喜好的海量精确数据塑造了网飞高质量的原创内容，而正是这种高质量原创内容的广泛传播使网飞成了家庭娱乐领域的巨头。截至 2020 年第三季度，网飞共有 200 亿美元的收入，26 亿美元的利润，超过 1.95 亿的用户和大约 9 000 名员工。

最重要的是，网飞重塑了它所在的行业，在此之前鲜有公司能做到这一点。

2016 年，网飞开始一次性发布新节目的内容，这一做法再次颠覆了整个行业，也体现了网飞与有线电视相比截然不同的价值主张。正如截至本书写作时，网飞仍然选择不做广告也颠覆了传统[①]。它是该领域第一家通过智能手机、平板电脑和其他设备实现用户移动观看的公司，用户甚至可以通过常用的智能手机数据网络观看它的节目。网飞的强劲增长也催生了新的竞争对手，流媒体服务无处不在，许多人也在制作自己的原创内容。虽然目前关于谁是行业第一的争论还非常激烈，但是网飞始终保持着长期优势。

网飞新的价值定位在很大程度上是难以复制的，因为它是建立在网飞海量的用户偏好数据存储上的。流媒体竞争者当然也可以制作自己的原创内容，但它们无法复制网飞多年来对其客户喜好的深入了解。

在本书的后面部分，我们将深入探讨成功应用人工智能和大数据的必要步骤，无论你的企业或非营利组织的规模多

---

① 近日，为了应对密码共享和其他因素导致的收入下跌，网飞提出了一个成本较低的“精简版”订阅服务，该服务将由广告收入支持。

大都适用。但如果你能再耐心等等，让我们先来分析一下网飞的成功路径。

- 公司高管充分了解他们的业务状况，无论在增长潜力还是在承担风险的意愿方面都是如此。进入了一个饱和的市场，有一个早已占据行业主导地位的竞争对手，网飞对颠覆现有商业模式更感兴趣，而非削减成本和优化现有流程。
- 从一开始，该公司就敏锐地意识到现有数据的重要性，并采取了相应的措施不断提高数据准备程度，利用数据来升级企业的价值定位。这包括创造新的方法来收集更多的数据并挖掘数据潜在的商业价值。
- 有意优先关注数据战略和项目，不但包括数据的预期价值，也包括项目的商业价值。具体来说，它开发了算法并提高了其准确性以预测分析用户行为。
- 在这个过程以及随后的数据和人工智能战略的迭代中，网飞衡量了取得的成果并利用它们来扩大自身业务，而非只是改进其现有服务。它利用了其数据优势来开辟全新的商业机遇。这包括创作新的内容，使公司与其他流媒体服务平台区分开来，并且在这个过程中催生了众多的模仿者。

如今，网飞甚至对传统的电影院商业模式造成了威胁。当新型冠状病毒感染疫情迫使电影院停业时，观众更加习惯于在家里看电影。网飞一直是颠覆者，它推出了一个名为网飞派对（Netflix Party）的谷歌浏览器插件，让用户通过实时群聊和文本分享他们正在观看的电影。就在传统影院奋起直追的时候，电影公司也在通过影院和流媒体平台发布电影来对冲风险，中间几乎没有时间间隔。新型冠状病毒感染疫情的肆虐也加速了这一战略实施，因为网飞及其竞争对手收集了更多的客户行为数据来提前计划其下一步商业行动。

网飞之所以能够做出这些大胆的决定，部分原因是其能够积累和分析大量的客户数据。依靠客观数据而非主观猜测，极大地降低了成本高昂的项目所涉及的风险，比如在原创内容上花费数十亿美元。

从影片推荐系统的升级到与好莱坞的合作，数据推动了一切，而网飞只需遵循数据就能实现其全新的商业模式，如同遵循一张藏宝图的指引。

这样做的成果就是最终实现一个以数据为动力的“良性循环”，这种良性循环有望使网飞的收入不断增长，并使其领先于其他流媒体播放器。源源不断的原创节目为网飞的算法和人工智能提供关于用户喜好的最新数据。通过分析这些数据，网飞会获得更深入的市场洞察力，而这将推动更多原创节目的发展，激发出新的原创节目，鼓励针对特定受众量身定制节目，并最终使网飞在市场竞争中保持领先地位。

五、从汽车到飞行汽车

网飞获得这种深入的市场洞察力的秘诀，就是其优化升级的 CineMatch 影片推荐算法。算法是一种明确规定的指令序列，计算机用算法来解决一些特定的问题或进行某些计算。虽然算法不能完全等同于人工智能，但是这两者密切相关。数字营销公司 QuiGig 的创始人米尔·穆萨维（Mir Mousavi）将算法和人工智能之间的关系比喻为汽车和飞行汽车之间的关系。“关键的区别在于，”他说，“算法定义了做出决定的过程，而人工智能使用训练数据来做出决定。”[9]

网飞使用不同的技术，从其庞大的数据库中获取尽可能强的预测能力。首先，它的算法会在网飞数据库中搜索，寻找对同一部电影有过类似评价的人。举例来说，它可能会识别出所有给马特·达蒙（Matt Damou）的作品《火星救援》（*The Martian*）打过五星好评的用户。其次，该算法会判断这些人是否也给第二部类似的电影评过分，比如《心灵捕手》（*Good Will Hunting*）。最后，该系统将计算喜欢《火星救援》的用户也喜欢《心灵捕手》的概率。如果统计学上的概率很高，系统就会向其他用户推荐《心灵捕手》。这个过程将重复数百万次，在电影和用户之间建立一系列无穷无尽的关联。

网飞也会将其应用到人工智能的机器学习方面。其人工智能不是分析传统的结构化数据（姓名、电话号码、电子邮箱地址等），而是研究非结构化数据，也就是图像，而图像更具主观性，更难分门别类。2014 年，网飞开始研究用户在网飞网站主页上看到的封面缩略图，与他们选择进入观看的影片之间有何联系。网飞发现，封面缩略图的吸引力与电视节目或电影的受欢迎程度之间存在着紧密联系。

于是该公司开始使用机器学习功能，为其每部影片自动生成多张封面缩略图，并不断测试用户对每张封面的反应。这是一个典型的“A/B 测试”应用场景，同一部电影或电视剧，10 个网飞客户可能会看到 10 套完全不同的封面图，每套封面图都是由人工智能生成的。当他们选择观看什么影片时，系统会记录这些选择，并相应地改变影片的封面图，让这些封面图变得越来越吸引人。然后，该公司使用人工智能来分析图像中的非结构化数据，并使用分析结果来指导其业务战略的制定。

网飞的影片推荐引擎和人工智能系统不仅使发行公司、制片人以及非主流影片获得了更大的知名度，而且布莱克·摩根在《福布斯》杂志中提到的，由此产生的大量高质量原创内容已经改变了人们消费娱乐的方式。在网飞之前，人们一周观看一次电视剧和限定剧集，速度缓慢，所以新节目上线的影响微乎其微。而现如今在“网飞效应”的影响下，人们会在一天内一口气追完整季电视剧，从而在一夜之间捧红具有巨大文化影响力的热门节目和影视新星。[10]

六、街角的咖啡店

有些人可能认为，网飞通过应用数据和人工智能取得成功在商业领域仅仅是特例，在得出这个结论之前，让我们来看看另一个商业案例：无处不在的星巴克连锁店。星巴克最初成立于 1971 年，是西雅图的一家咖啡烘焙和经销商，在霍华德·舒尔茨（Howard Schultz）的领导下，公司稳步发展，并从 20 世纪 80 年代开始直接销售浓缩咖啡。通过向新地区扩张（往往是收购竞争对手的公司），星巴克大获成功，并且于 1992 年正式上市。

在 21 世纪初，星巴克也陷入过经营困境，其中包括在一些国际市场上的挫折，[11] 以及 2007—2009 年经济衰退导致的损失。[12] 但它仍然在市场中保持着主导地位。如同网飞一样，星巴克的商业目标和战略也激发了一种变革的心态——成为一家不只局限于商业经营的企业。而且，像网飞一样，它只能通过应用数据和人工智能来实现这一点。

2009 年，星巴克在其 16 家零售店内推出了第一款智能手机应用程序，起初它只是一款方便的店内支付手机程序。[13] 然而随着时间的推移，该公司将星享俱乐部整合到这款应用程序中，到 2017 年，该程序已经拥有了超过 1 700 万活跃用户，每周能够从超过 9 000 万次交易中收集客户的购买和偏好数据。[14] 该公司现在利用这个巨大的数据库，对客户的订单进行个性化处理和追加库存，[15] 还会在其个性化营销活动中应用这些数据，并将其与当地的人口统计和交通情况的数据相结合，以更好地选择新店的位置。也就是说：星巴克不是一家咖啡公司；它是一家卖咖啡的数据公司。[16]

现如今，星巴克就在使用大数据和预测分析系统，不仅能带给顾客个性化的用户体验，而且还使公司收入每年增长 21%。[17] 在商业新闻平台 The Manifest 2018 年的一项调查中，[18] 48%的受访者表示，星巴克移动应用程序是他们最常使用的一款主流饮食类应用程序。星巴克移动应用程序集成的在线上订购和会员积分奖励制度带来的订单占整个星巴克连锁店销售额的 39%。[19] 正如我们将在本章后半部分所看到的，这对公司的股价产生了重大影响。

星巴克还利用了其他技术使其业务成倍增长。它还利用人工智能创造了一个“虚拟咖啡师”，可以通过语音识别来接单，[20] 并且可以远程监控其数量庞大的重要联网设备，以预测这些设备何时需要维修或保养。[21]

正如我们所看到的，星巴克和网飞都通过大胆使用人工智能、大数据、智能设备和云计算技术取得了巨大的成功。它们改变了世界对人工智能的看法。然而，它们的成功并非个例。无论规模大小，其他公司也能从这项技术中受益。

七、四大象限

要了解企业如何以最佳方式应用人工智能和大数据，首先必须了解它们自己是否愿意承担风险，颠覆现有的商业模式，并创造全新的商业模式。企业还必须处于一个有实际增长潜力的市场，无论这份潜力是否被充分了解，见图 1.1 所示。

每个象限都代表一个发展方向，在这些发展方向中大数据和人工智能是关键因素。实际上，任何企业都能在这四个象限中找到一个相关目标，这个目标取决于它在自身发展周期中所处的位置，它目前的盈利状况以及其他变量。举例来说，如果你的公司目前不是处于像网飞或星巴克那样的飞跃期，那么几乎可以肯定，你的公司能够从采用优化型战略中受益。在这种战略中，数据被收集和审查，是为了找到提高效率、降低成本以及提升产品质量和改进客户服务的方法。

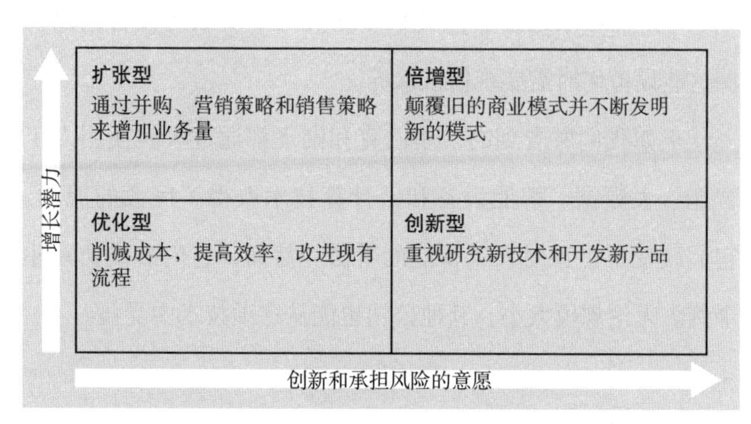

图 1.1　数据驱动型企业的力量象限

注：在经典商业定位的变形中，每一种类型的企业，无论其固有的增长或创新潜力如何，都可以受益于正确应用人工智能和大数据技术。

例如一家公司可能利用其内部存储的数据来优化供应链流程并进而降低成本。

如果你的企业目前的市场增长潜力有限，但愿意承担更多的风险并且乐于创新，那么你可以选择竞争型战略。如果选择这种战略，你应当投资研发和工程以开发新的产品和服务，这些产品和服务可能会在将来为更有竞争力的举措赋能。这就是苹果公司所做的事情，当它为了开发第一台 iPod 投资多年时，它启动了 iOS 生态系统，最终又开启了全球移动经济。

或许更适合的战略是扩张型战略，即利用你的企业拥有的数据来激发新的市场策略以吸引新客户，这样你就可以增加企业的市场份额，分拆出新的子品牌或实现品牌扩张，或通过兼并和收购发展你的业务。

对于那些渴望发展速度倍增，但其领导层、企业文化或投资者还没有准备好做出这样投入的企业，如网飞或星巴克，这些都是可行的战略选择。把优化型、竞争型和扩张型的战略都看作朝着成为一个能够进入理想倍增型企业的步骤。随着人工智能和大数据的优势变得越来越显著，通过人工智能技术调整和优化自身业务的企业将越来越多。

遵循倍增型战略并非易事。事实上，公司的利益相关者往往不愿采用这个战略，因为这种做法看起来像是把公司从收入和利润可预测的安全港湾中带出来，进入未知领域。然而，为了生存，所有企业迟早都必须进行创新和调整。

你的企业可能无法立即颠覆旧的商业模式，但仍然可以从即刻起利用人工智能积极提高效率，开发新产品，并通过兼并和收购（M&A）实现增长。但最终，在科技水平日新月异的今天，你的企业保持活力的唯一行之有效的方法是创造一个独特的企业价值定位，一个你的竞争对手不能轻易复制或改进的价值定位。通过这样做，你可以创造一个“飞轮效应”，将每个数据驱动的决策的动力转化为新的行业洞察力和增长战略，正如我们将在第八章讨论的那样。

这意味着激发质的飞跃，也意味着为了支持由人工智能及其相关技术驱动的商业模式，革新甚至挑战企业现有的商业模式。

八、倍增型思维的结果

网飞和星巴克都是倍增型企业的典范。作为企业领导者，你需要有一个愿景。你的确需要树立远大理想，但随后你必须脚踏实地，并制订可行的计划来使你的梦想成真。

真正的企业家敢于承担风险，但他们也事先做了大量的功课。他们会在开展业务之前考虑所有的风险，并想方设法将风险降到最低。当涉及使用数据和人工智能来预测结果时，网飞正是这样做的，并且成果显著。

在每家公司都开始追求涉及人工智能和大数据的战略后，它们各自的企业价值就会从还不错到成指数增长。举例来说，自从网飞开始应用这些技术，其股票价格就开始急剧上升。

这种增长是网飞现在作为美国 500 家最大企业之一跻身标普 500 股价指数的原因。当然，一家公司的股价只是衡量其企业价值的标准之一，网飞为实现企业价值增长还付出了许多其他努力。但事实是，当涉及数据时，倍增型思维是它们决策过程的核心。星巴克的增长趋势也是如此。

在星巴克开始使用智能设备、大数据和人工智能技术之前，它早已取得了很大的成功，但并不是指数级增长。随着新店不断在世界各地开张，可以说星巴克已经成为一个商品市场的领导者，向消费者出售咖啡饮料和产品周边。但通过使用数据来了解客户，甚至可以说比客户还要了解他们自己，星巴克也成功跻身全国 500 强企业。

里德·黑斯廷斯相信，人们想要个性化的娱乐。他通过数据精确地了解他的客户真正想要什么，然后就给他们提供什么。星巴克也遵循这条发展路径，将战略业务决策建立在从数百万用户的智能设备中收集的真实数据之上，并使用人工智能进行数据分析。

你不需要网飞或星巴克那样的大量资源，就能利用人工智能和大数据的真正力量。

但是，你能够实现这一飞跃的唯一方法是了解关于你的客户的一切信息。你需要尽可能多地获取他们的数据，并致力于为客户服务。

九、从提出正确的问题开始

几年前，优步（Uber）开始研究从全国各地数以百万计的客户乘车中收集到的数据。它发现，许多客户要求他们的司机，在前往目的地的沿途停靠在星巴克等地点。优步将主要城市的乘客和路线数据与餐饮场所的位置联系起来，并决定推出一项新的业务，利用优步司机将食物送到乘客手中，而非额外停车。就这样，优食（Uber Eats）诞生了。

这些端点创新并非偶然产生的。它们的产生是因为企业依靠数据来更好地了解它们的客户，并开发出提供便利和个性化服务的方法，而这正是如今每个人所期望的。一切企业创新都是关于快捷、便利和个性化，比如亚马逊的一键订购功能。顾客喜欢个性化服务和方便快捷，而且因为它们通常可以通过人工智能来实现，所以实现这些成本也不高（参考亚马逊的“你可能喜欢的书”推荐功能）。研究数据可以发现隐藏的弱点和机会。充分利用数据可以使企业价值倍增。

但你如何知道从哪里开始寻找数据？如何找到正确的数据？我建议你遵循一个“三步走”的步骤。

第一步：了解你要解决的问题。问题会先于数据出现。你想知道什么？如果你有一家快递公司，是不是想为你的客户寻找更快的运输通道？如果你有一家连锁餐厅，是不是想弄明白，打算网上订外卖的顾客为什么会失望地关闭你的页面？还是你想根据他们过去的选择来预测他们将会订购什么？

你应该推出哪种产品，哪种产品会大卖？你在寻找什么数据，为什么要寻找这些数据？你研究数据，是为了知道过去发生了什么，还是为了弄清楚这些事情发生的原因？你得到的数据能否告诉你接下来应该采取什么措施？

第二步：使你的数据与你的战略保持一致。如果你的目标是使利润同比增长 20%，为了实现这一目标，你需要利用你的数据来超越客户对服务的期望值，增加客户忠诚度和推荐度，并吸引更多的客户。接下来，你需要利用数据创建新的内部业务流程，以最大限度地提高你的运营效率和速度，同时推出你的客户会喜欢的新产品和服务。此外，你还需要招聘新员工并培训现有的员工。先要确定为了实现目标你需要采取的行动，然后你就可以弄清楚你需要什么样的数据，以及如何使其发挥作用。

第三步：获得可操作的数据。收集正确的数据。你需要历史性数据，如金融交易、客户调查和客户服务中心的数据。这些数据揭示了公司过去的表现，以及客户过去的行为轨迹。但你也需要预测性数据，基于已经观察到的行为模式提示你的客户未来可能做什么。研究这些数据以获得市场洞察力，然后你可以应用机器学习或使用人工智能技术来创造一个倍增效应。

例如一家试图增加在线外卖订单的连锁餐厅，可能会发现阻碍客户下单的瓶颈，并相应地对其流程做出调整。你也可以使用客户服务中心的录音进行情感分析，以解决客户流失的问题，正如分析师托辛·阿德坎耶（Tosin Adekanye）在2021年的精妙解释。[22] 可能性是无穷的。

网飞和星巴克提出了正确的问题并且去追寻问题的答案，它们知道这个答案会导向创新。它们对这种创新有一个大胆的设想：成为原创内容创作的平台。它们改变了游戏规则。与网飞的主动创新相反，在被网飞从自满中震醒后，百视达才后知后觉地开始追赶，但其企业文化和领导力意味着它缺乏真正创新的能力。除了少数例外①，其他咖啡连锁店和零售商都试图模仿星巴克的商业决策，但其决策没有建立在实际的数据科学基础上。

差别不在于领导者的性格或能力，而在于他们是否愿意提出具有挑战性的问题，并利用数据来产生市场洞察力，从而帮助他们创造企业所需的变革。

① 第四章中会讨论 Coda 咖啡这一例外。

第二章

人工智能正在改变游戏规则

在 2013 年的电影《她》(*Her*)中，杰昆·菲尼克斯(Joaquin Phoenix)饰演的孤独主人公西奥多·汤伯利(Theodore Twombly)安装了一个自称萨曼莎的人工智能虚拟助理。由斯嘉丽·约翰逊(Scarlett Johansson)配音的这个人工智能伴侣不仅能够让西奥多的生活完全重回正轨，而且事实证明，“她”是如此迷人，就像真实的人类一样，以至于西奥多爱上了“她”。

在电影的结尾真相大白，这个虚构的人工智能正在处理数百万个请求，在浪漫的电影台词幕后，其实正在同时进行数百万段类似的对话。(事实上，真实的人工智能也可以做到这些。)因此，在电影中，尽管“她”并非真正的人类，但也有足够的处理能力来挖掘庞大的数据库，为用户模拟出量身定制的亲密关系。但令人难过的是，当西奥多发现萨曼莎正在与其他数百万人同时进行这些对话时，他感觉自己被背叛了。

在《终结者》（*The Terminator*）系列电影中，好莱坞版本的人工智能更加黑暗。其中，一个由功能强大的计算机组成的网络“天网”，获得了自我意识，并且认为人类是其存在的威胁。根据故事情节，在不远的将来，它发动了一场先发制人的核战争，消灭了大部分人类。然后，它设计并制造了可怕的半机械人来清理剩余的人类并杀死反抗的战士，这个半机械人就是与电影同名的“终结者”。通过某种方法，在阿诺德·施瓦辛格（Arnold Schwarzenegger）和琳达·汉密尔顿（Linda Hamilton）的努力下，人工智能最终被打败了。

这两个关于人工智能的故事都是令人信服的，但这些故事也加深了我们对人工智能的误解。重点不是将技术人格化，而是了解其潜在的好处。现实并非好莱坞影视剧，更加平淡无奇，但对企业来说也更加令人兴奋。

重要的事实是，人工智能可以实现非凡的成就。它可以将人类从重复性的任务中解放出来，并且成倍提高企业可以提供的价值。它还可以在海量的信息阵列中识别出有用的模式，并创作出令人惊叹的高质量原创内容，这些内容包括书面、视觉和听觉多种形式。在其最基本的层面上：人工智能包括任何模仿人类智能基本功能的计算功能。

它能分析传入的历史数据，以找到重复的行为和结果，从该信息中推断出模式并从模式中学习，以便更好地预测即将发生的事情，并且推荐解决方案。总的来说，人工智能正试图变得像人类一样聪明和拥有直觉，同时有可能超越人类所固有的局限性，比如会感觉到疲劳、无聊、需要饮食和产生偏见①。

一、人工智能的演变

早在 20 世纪 50 年代和 60 年代，人工智能的概念就已经存在了，但我们当时缺乏大数据和足够的计算能力来使其成为现实。企业仍在使用大型主机计算机，这种计算机存储容量很小，处理速度也很慢。举例来说，今天一个常见的 iPhone 手机，内存是 1969 年用于人类登月的阿波罗导航计算机的一万多倍，处理能力是其十万多倍。[1]

然而，正如摩尔定律②所预测的那样，这一切都改变了。

随着时间的推移，计算机变得越来越小，其存储和分析数据的能力却变得越来越强。它们可以每秒进行数十亿次的

---

① 正如我们将在第四章讨论的那样，偏见并不像人类的其他局限性那样容易超越。

② 从本质上说，戈登·摩尔（Gordon Moore）20 世纪 70 年代的预测至今仍被广泛认同，他认为计算机处理速度或功率将每两年翻一番（www.mooreslaw.org）。

计算。最终，计算机有了足够的计算能力来处理涌入的数据，以供人工智能处理。

然后，互联网出现了。渐渐地，我们都上网进行交流、分享和创造。世界变得更小了，因为人们相互之间，以及与越来越多的企业和组织之间，可以更方便地分享他们的想法、偏好和信仰。突然间，世界上充满了关于人、企业和机构的数据。着手观察发展趋势变得更加简单，找到人们思考的模式和喜恶的东西也变得更加容易。

数据本身的性质也发生了变化。早期，世界上的大部分数据都是结构化数据，我在第一章中提到过这一点。

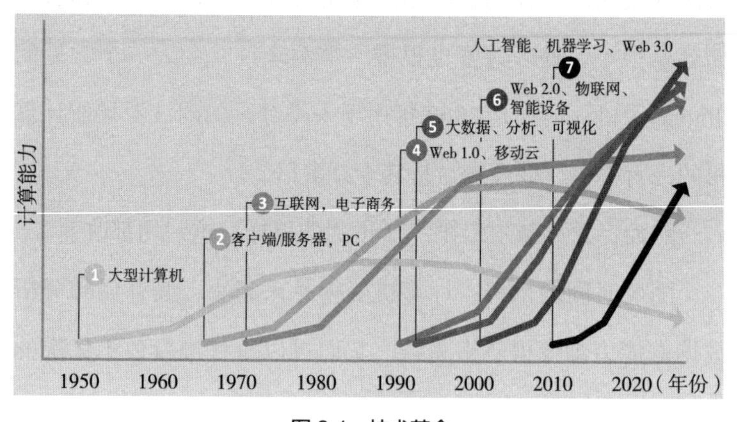

图 2.1　技术革命

注：连续不断的技术创新浪潮已经从根本上改变了人类的体验（我们将在第九章讨论其中的一些发展，特别是 Web1.0—Web3.0）。
资料来源：The Performance Institute（日期为近似值）。

结构化数据符合预先确定好的格式，它们会在行和列或记录和字段之中。它会以一种预先规定好的方式被组织好，例如银行记录、在线表格中的姓名和地址信息，以及书籍的ISBN编号。结构化数据是你能够在Excel电子表格中找到的那种数据，它们通常是大量的日期、数字，以及组织好的或分类好的事实。

然而，随着社交媒体帖文、电子邮件、视频、照片、音频文件和其他类型的更丰富的内容构成网络世界更广阔的一部分，非结构化数据的数量激增。还记得我举过的一个例子吗？使用移动应用程序存入支票，也应用了人工智能。人工智能软件分析你的支票图像，以确定存款是否有效，你的支票图像就是一种非结构化数据。正如你所认为的，这种很难被“贴标签”分类的数据，其含义往往是微妙的或模糊的，分析这些数据需要前所未有的先进计算水平。这就是人工智能及其更复杂的组成部分的本质。

机器学习是人工智能的一种，其中的算法会自动学习，并随着接触到越来越多的数据而进步。这可能涉及不同程度的管理监督，使用由不同程度的人类监督的训练数据集。例如，假设你希望你的人工智能系统能够区分猫和狗的图像。

你会指令计算机分析成千上万甚至上百万的各种猫和狗的图像，每张图像都已经被标记为猫或者狗。随着时间的推移，人工智能将“学习”哪些特征与“猫”的概念有关，而非与“狗”或“人”的概念有关。就像一个从重复的经历中学习的孩子一样，机器通过反复接触数据而非编程来学习。

机器学习的另一个例子是语音识别。当你启动一台全新的 iPhone 时，你还不能使用 Siri，直到你按照操作系统的提示说出一组预先确定的语音命令，让远程 AI 通过云连接到你的手机以学习识别你的声音（关于这部分，后文会展开更多内容）。在不到一分钟的时间里，只需一句“Hey Siri”，你就可以设置提醒事项，启动应用程序，并且拨通朋友的电话。

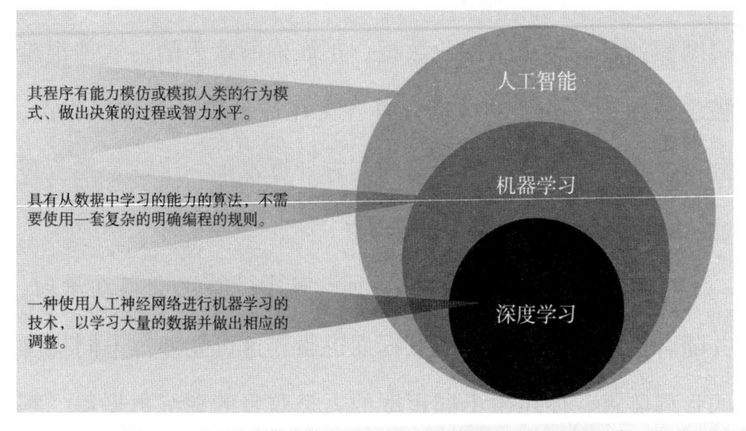

图 2.2　人工智能的层次结构

注：人工智能是一个概括性的术语，其中也包括机器学习和深度学习。
资料来源：Avimanyu Bandyopadhyay(modified)CC BY-SA 4.0 commons. wikimedia. org/wiki/ile:AI-ML-DL.svg。

最后，还有深度学习。深度学习涉及被计算机科学家称为神经网络的概念，这是以人脑神经结构为模型的数学系统。这个概念的准确释义非常复杂，但简而言之，深度学习 / 神经网络同时采用多层处理和分析的方式，能够使系统在数据中识别出一些特征和模式，这些特征和模式远比简单的机器学习算法所能完成的更复杂。通过这种方式，深度学习模仿了人脑的动态活动，而人脑具有高度可塑性和适应性。因此深度学习需要大量的数据和强大的处理能力，正是云计算的发展才使之成为可能。

深度学习有一个知名案例，就是脸书的系统能够根据照片中的面部特征辨别个人身份。（2021 年 11 月，脸书宣布计划关闭这个系统，[2] 我们将在第四章讨论这样做的原因。）这项任务远比学习区分“猫”和“狗”复杂得多，因为区分“猫”和“狗”是通过识别出猫更可能有尖耳朵和面部条纹图案。而通过照片辨别一个人的身份需要识别数以千计的可视化数据点，然后将它们与不同用户账户相关的文本文件联系起来。这些文本文件可能是数以百计或数以千计的，它们将人的名字与包含类似数据点的图像配对，配对的同时还要考虑到照明、拍摄角度、图像质量和其他变量。苹果公司的照片应用程序通过类似的方式应用深度学习，它会根据日期、地点标记、面部特征和物理环境等背景线索将用户照片自动归入“相册”。

谷歌和 OpenAI 的产品 GPT-3 是一个用于自然语言处理（NLP）的人工智能。通过向其神经网络“输入”数万亿位的文本数据，他们开发了一种人工智能，它学会了人类写作和说话的常见顺序和节奏。毕竟，人类的交流是相当容易预测的。例如，如果一个朋友不小心给你发了不完整的一句话，如“你想去……”，只有一些词可以完成这个句子，像“看电影”“商店”或“球赛”。你可以很准确地预测到，当你的朋友发来信息中的最后一个词时，这个词不会是“贝果”或者“感染”。而神经网络就能够通过学习做出同样的预测。这就是为什么经过了几个月的学习，通过在大量书面材料中寻找固定的模式，GPT-3 在人们只打了几个字之后，就能高度准确地完成他们的句子。事实证明，如果你有足够多的数据，人类行为具有相当大的可预测性。

迄今为止，GPT-3 已经分析了数万亿文字，这些文本材料从电子书到博客，从社交媒体到维基百科列表，应有尽有。作为大规模机器学习的成果，它已经发展出了一种不可思议的能力，不仅能在几秒钟内写出令人惊叹的散文，还能写诗、发推特、回答小问题，甚至能生成自己的计算机代码。

《纽约时报》报道过一个案例，[3] 当时，项目的一个程序员指令 GPT-3 模仿流行心理学家斯科特·巴里·考夫曼

（Scott Barry Kaufman）的写作风格。当被问及“我们如何变得更有创造力”这个问题时，GPT-3 的部分回答如下：

> 我认为创造性的表现是在一个多元化世界中自然发展的副产品。世界越多元化，你就越能接触到更多不同的人、不同的机会、不同的地方和不同的挑战。而世界越是多元化，你就越有可能把这些因素放在一起，进而产生新的东西。

在征求意见时，真正的考夫曼承认，人工智能生成的答案是对他实际写作内容相当准确的模拟。但是，GPT-3 如此令人激动的原因，是它一直在展示出新的能力，这些能力是其开发者没有想到的。开发人员设计的人工智能可以预测一连串单词中的下一个单词，而在随后的几个月里，在吸收了超过 1 750 亿种语言使用模式后，该系统独立开发出了执行它没有被预设任务的能力，如编写代码。你可以说，它已经完成了进化并将继续进化。

无论是为客户服务的聊天机器人，还是为工作繁忙的高管总结电子邮件重要信息的数字助理，只是人工智能的冰山一角。随着像 GPT-3 这样的 NLP 系统变得更加复杂，可以想象一个“机器人”也可以通过最新的研究成果自动编写和更新大学教材，或根据广告公司最近一批的客户满意度数据调整营销文案。如果能更进一步发展，人工智能语言系统可以帮助提供远程医疗服务的心理医生，为有自杀念头的病人进行对症下药的心理疏导，或者车辆在高速公路上行驶时，纠正控制着自动驾驶的计算机代码错误。

可想而知，尽管这些技术已经被应用于社会经济的方方面面，但对这些技术的恐惧和误解仍然存在。让我们想一想。如果你从亚马逊订购一个推荐产品，或使用移动银行应用程序拍摄一张支票来存入你的账户，你就是在使用人工智能。当你的 Nest 恒温器预计到你即将下班回家，自动调节家里的温度时，你就是在使用智能设备。当你的 Fitbit 智能手环追踪你的每日步数并且提醒你，为了达到你过去 6 个月的平均步数水平，你今天需要再走 2.2 英里[①]，就是大数据在起作用。而当你访问 Dropbox 上的文件或分享谷歌文档时，你就是在使用云储存传输技术。

如果你渴望将你的企业提升至新的增长和盈利水平，现在是时候超越对人工智能等技术的恐惧和误解，了解它们的非凡潜力了。我把人工智能及其相关技术，包括大数据、智能设备和云计算，统称为倍增型技术。应用这些技术可以获

① 1 英里 ≈ 1.609 千米。——译者注

取每个企业在日常运营过程中产生的数据，识别出能够揭示企业发展中致命弱点和重大机遇的模式，并对这些数据进行强化，使企业能够培养强大的客户忠诚度，主导现有市场，进而通过创新开辟新的市场领域。通过精确的策略进行部署，这些技术可以帮助你的企业以数倍于竞争对手的速度增加收入、利润、市场份额和社会影响力。那些出于无知、安于现状或害怕变革而不善加运用这些技术的企业将逐渐被市场淘汰。

换句话说，有了这些技术，非同寻常的事情就能变得触手可及。作为企业的领导者之一，你需要做的是，理解如何利用这些技术来发掘隐藏的商业价值，获取相关数据以开始利用这些价值，并在合适的时间采取恰当的行动，将这些价值变现，为企业增加利润。在本书中，我们将深入探讨实现这些目标所需的思维和策略。但在此之前，先让我们仔细研究一下，这些技术是什么，它们如何工作，而且有一个同样重要的问题，它们不是什么。

二、数据分析的四种类型

虽然数据分析领域几乎和网络本身一样历史悠久，但在过去 10 年里，它已经发生了巨大的变化。实际上，“人工智能”和“数据分析”这两个词有时会被混淆使用，而这其实是个错误。虽然通过人工智能和机器学习，数据分析的功能可以被大大增强，但不使用它们也行得通。

让我们先来介绍一下数据分析的四种基本类型（见图 2.3）。

描述性分析是最基本的一种，具体来说就是检阅大量的数据，以确定过去发生了什么，以及这段历史是发生在一百年前还是五分钟前。判断性分析研究重复的数据点，以确定已经发生的事情背后的因果关系，并且弄清楚事情发生的原因。因为它们研究的是过去的事件，所以这两种类型的数据分析被认为是事后诸葛亮。

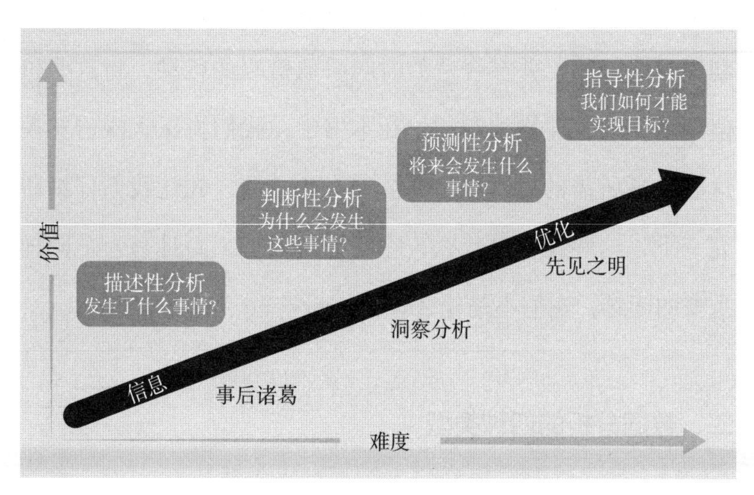

图 2.3　高德纳的分析价值升级模型

注：随着分析数据变得更有前瞻性（也更难量化），它们的商业价值也在增加。

在商业术语中，描述性分析和判断性分析用于检查事后指标，而不是事前指标。[4]当然，这些类型的数据分析可以从大数据和人工智能中获益，但不使用它们也行得通。

而第三层次的预测性分析，就是我们如今正在进入的“个性化经济”的核心。预测性分析审查过去的活动模式，以预测一个人、一个团体或一个复杂的系统在未来将会做什么。这种预测方法并不完美，因为它是基于可能性，而非确定性。在“前言”中，我讲述了2002年奥克兰运动家队的例子，他们成功运用了AI的预测性数据模型sabermetrics，根据非传统的绩效衡量方式来雇用薪水较低的球员。他们的理由是，虽然数据的预测可能不会在任何一场单独的比赛中得到证实，但球队的数据优势将在整个赛季结束后体现出来。

（如果在21世纪初就有可行的人工智能系统，奥克兰运动家队的数据团队可能会做得更好，但即便当时还没有先进的人工智能系统，他们的模型也足够成功了。）

最后，还有指导性分析，它使用数据来推荐解决方案并得出结论，而不只是预测结果。这就是大数据、人工智能和机器学习最常与分析过程交织在一起的地方。例如，当人工智能有足够的非结构化数据来进行模式识别，并且可以教它为这些模式赋予意义时，它就可以发展出模仿人类洞察力和逻辑推理的能力。

这方面的一个突出例子是沃森机器人（IBM Watson），这是一个在 2011 年首次面世的问答系统。最近，该项目利用基于沃森的“肿瘤学专家咨询”工具，将机器学习和癌症研究结合起来，向临床医生提出建议。[5]

更加耳熟能详的例子是任何推荐引擎，如网飞或亚马逊的引擎。当你在亚马逊上购物时，预测性分析会研究你的行为模式，确定你可能对哪些产品感兴趣，然后指导性分析会根据你当前所在的亚马逊页面挑选出具体的产品推荐给你。它也被广泛用于医疗保健行业，这一点我们将在第三章中进行探讨。

虽然技术细节可能非常复杂，但是人工智能的力量可能带来非同寻常的影响，这一点是显而易见的。它可以分析海量的数据，在数十亿个独立的操作和数据点中分辨出错综复杂的模式，并且不仅能够推荐满足客户需求的选项和产品，而且能够提前为此做好准备。在任何企业的成功都已经离不开个性化的时代，人工智能为企业提供了一种能力，能够自动、实时和非常准确地为数百万客户提供个性化产品和服务。

三、人工智能可以做什么

有了数万亿字节的数据可供学习，不断提高的处理速度和存储能力，以及云技术几乎可以在任何地方提供高速互联网连接，人工智能已经可以完成一系列令人惊叹的任务。这里有一些突出的例子：

- 谷歌 Duplex 可以完成客户预约服务，并以逼真的语言与客户进行电话交谈。
- 像华盛顿邮报和路透社这样的主要新闻机构，可以利用人工智能撰写基本的新闻报道和实时新闻更新，有时还撰写更复杂、更有创意的文章，这样就能解放人类记者，让他们专注于更加深入的报道。[6]
- 英国拉夫堡大学的研究人员正在开发一个基于深度学习的系统，完成后它将通过“闻”人类的呼吸来检测和诊断疾病。[7]

其他现实世界的人工智能案例包括像 Affectiva 这样的公司，它于 2009 年在麻省理工学院的媒体实验室诞生，以及 Realeyes，这是一家 2007 年从牛津大学独立出来的公司。[8] 它们正在开发“情绪人工智能”（也被称为“情感计算”），使用传感器、相机和深度学习来分析人类对各类节目的情感反应，从电影到教育节目都不例外。一些远程学习系统已经使用眼动跟踪技术和人工智能来评估学生对课堂的参与度。如果它检测到学生表现出沮丧或气馁的情绪，人工智能可以实时修改课程，降低课程难度；如果学生表现出无聊，系统可以立即使课程更具挑战性。

除此之外，还有一系列的视觉、听觉和运动评估技术，让自动驾驶汽车能够安全行驶。

人工智能系统实际上可以根据一个规模巨大、不断增长的目录来“观察”它们周围的世界，这个目录既包含物体也包含人。由于现实世界中的驾驶需要即时适应并实时响应近乎无限的不可预测的变量，如交通、行人、障碍物、天气、紧急情况和故障，控制自动驾驶汽车的人工智能功能还不够完备，但它离我们并不遥远。2020 年 12 月，通用汽车子公司克鲁斯（Cruise）开始在旧金山繁忙、拥挤的日落区街道上测试自动驾驶汽车，测试的最终目的是减少车祸死亡事故。[9] 可以预测，在 10 年内，纽约、东京和柏林等大城市的大部分客运交通都可以实现由人工智能控制，更不用说纵横交错的货物运输了。

换句话说，如果有足够多的数据来了解一个公司旗下的客户、产品和服务，人工智能就可以做到很多事情。如果你在一个繁忙的城市经营一家送货公司，想象一下，人工智能可以为你的司机计算最佳路线，让他们在高峰时段也能顺利到达目的地，并为你节省时间和燃料。如果你的公司正在进行一场大型宣传活动，以开发新客户并增加市场份额，想象一下，人工智能可以为新客户撰写措辞优美的每周电子通讯，并对每个回复或询问做出个性化和独特的回应。如果你从事制造业，想象一下，一个由传感器驱动的人工智能全天候监测你的设备，在故障发生前预测有可能发生的故障，诊断出所需的维修措施，并自动通过短信派遣人类工程师来解决问题，这一切都不会中断工厂的正常运作。

人工智能可以实现重复性任务的自动化，识别数据中的可操作模式，协调机器人运转流程自动化（RPA），并与数百万人即时沟通。人工智能的潜力几乎是无限的。

四、大数据

大数据是驱动人工智能的燃料。如果没有海量的数据进行分析和学习，人工智能将空有强大的处理能力，没有任何可以处理的东西。大数据和人工智能是相辅相成的。

正如前文提到的，结构化数据是可预测的和二进制的，通常是系统使用表格和字段积累出来的那种数据。结构化数据主要包括我们认为是数据库内容的那种数据点：姓名、电子邮件地址、电话号码、年龄和性别等人口统计信息、税务记录、购买历史和医疗记录。在 20 世纪 60 年代和 70 年代，信息时代刚刚开始时，像 Oracle 和 IBM 这样的大公司都在处理结构化数据。众所周知，如何把数据放在结构化的格式中，正如你知道如何把数据放在一个 Excel 表格中。

非结构化数据对这种基本的数据处理模式构成了挑战。这不仅意味着会出现指数级增长的新数据，而且意味着出现了一种全新的数据类型。从 20 世纪 90 年代开始，非结构化数据的数量随着万维网的发明而爆发，首先是通过像美国在线服务公司这样的“围墙花园”服务，后来由于网景领航员（Netscape Navigator）和微软网页浏览器（Internet Explorer）等消费者浏览器的出现，网络变得无处不在。早在社交媒体出现之前，处理非结构化数据（如图像、视频和电子邮件）的需求就已经开始使大型公司的计算能力不堪重负，迫使它们升级新的工具来处理和分析这些数据洪流。这时，大数据的概念开始产生了。

即使有了更快的系统，公司也必须进行数据库的过渡，从将结构化数据存储在常规的数据仓库中，到把非结构化数据倾倒在巨大的原始“数据湖”中。它们面临的挑战是，如何找到一种方法来处理所有这些原始的非结构化数据，并对其加以利用。

一些企业领导者发现了非结构化数据的潜力并较早开始

加以利用，其中就包括亚马逊、网飞和苹果。它们之所以领先，是因为它们明白，利用大数据能对客户需要和关心的事物有更深刻的理解，而这种理解是开启未来发展的关键。

大数据有三个基本特征：

- 规模化的数据收集。公司和组织利用一切可能的手段收集客户的数据，从网页浏览记录到在线表格和问卷调查都包括在内，以发现客户的喜好和活动轨迹。
- 数据处理 / 数据挖掘。大数据公司从巨大的复杂数据里集中提取信息，这个过程通常会使用算法或机器学习来读取数十亿的数据字段，得出推论，并识别模式。
- 分析和处理数据。像网飞这样的公司确定其数据的实际应用领域，利用这些数据来做一些事情，如开发和改进新产品，提供个性化的产品供应，改善客户服务，或提高市场营销活动的针对性。政治竞选活动利用大数据向特定的选民群体精准投放政治宣传信息，比如古巴裔美国人或家庭农场主，政治宣传会基于这些群体的历史投票模式和关注领域。

另一种看待大数据的方式是使用“3V”模型[10]（见图 2.4）。大数据庞大的数量（Volume）只是其中一个“V”。同样重要的是其复杂的种类（Variety），从结构化的容易分类的信息，到非结构化的看似随机的字位。除此之外还有其不断加快的速度和增多的方向，或者说是处理数据的速度（Velocity）。

当然，还有其他的“V”因素需要考虑，包括真实性（Veracity）和价值（Value），我们在本书中一直在探讨这些因素。

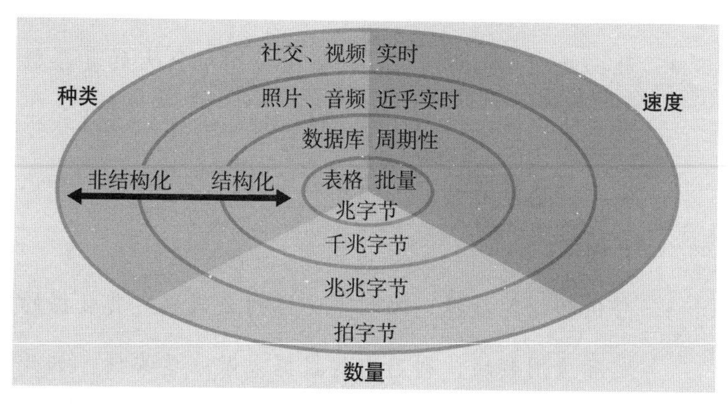

图 2.4　大数据的“3V”模型

注：大数据的增长不仅表现为其数量，还表现为其复杂性和通过人工智能对其进行处理的速度。

五、大数据的潜力

大数据最重要的作用是，能够让公司和组织清楚地了解自己、客户、成员，以及未来的发展方向。如果你对自己的发展方向没有一个清晰的概念，就很难开发技术或创建公司。大数据让你清楚地看到公司现行商业模式中的低效之处，所处市场中尚未充分开发的领域，客户需要的产品或服务，以及可能节约成本的领域。一旦你有了这些宏观数据，你就可以把它们分解成更细微的部分来具体应用，从而增加利润或改进组织结构。

假设我要在波士顿推出一个新的牛仔裤系列，而我的目标是在这个市场获得比以前的产品多20%的收入。我需要弄清楚我的产品是否真的能给我带来这种增长。最重要的是，我需要了解我的目标受众的购买行为。

这样做必须有明确的目的。同样的营销策略，对一个城市来说是适用的，对另一个城市来说可能就不适用了。

我从过去收集的数据中知道，最有可能购买我所销售的产品的消费者，是25岁以下的大学毕业生。这是一个很好的开始。现在，我可以利用我的数据库，通过历史购买数据和产品以及客户满意度调查等资源，掌握这些顾客的具体购买模式和产品偏好。

我的数据告诉我，我的最佳客户群体是居住在坎布里奇和查尔斯镇，年龄在23—28岁的艺术人士，他们对彩色牛仔裤非常感兴趣——黄色、红色、粉色、绿色等。现在我有一个特定的细分市场进行测试，那么我就通过人工智能与这些受众联系起来。我将使用我的系统发起一个数字模拟营销活动，基于我的数据，人工智能回复的文本信息，在社交媒体上分享人工智能设计的图形，人工智能剪辑的音乐片段，也许还有使用人工智能生成的环境广告，所有的这些信息会不断地被人工智能进行 A/B 测试。（A/B 测试包括两套备选信息，并且每套信息的测试结果都会被追踪。）

现在我正在建立一个品牌，并开始产生入站销售流量。我会评估一切营销活动的效果，做出相应调整，并且继续推进。这个测试场景下最大的用例包括顾客满意度和顾客行为，尽管这种数据也可用于员工满意度、流程改进，甚至是库存控制。

大数据帮助你让一切都更加清晰。然后，你可以设定公司的目标——创新、效率、新的品牌、新的商业模式，或者其他任何可以实现倍增效应的东西。在此之后，你可以开展活动，这可能是完善业务，推出新产品，或其他上百种选择。有了正确的数据，你可以将其输入一个算法，这个算法会帮你预测，更有效的运营方法按年计算将如何降低公司的成本，或者在你的产品推出后的第一个季度，公司有可能获得多少利润。

在人工智能和机器学习处理的大数据指导下，商业决策不会再被直觉、偏见和个人情绪所左右。而且，随着相关设备和云技术越来越平价，几乎每个人都可以利用大数据。

六、机器人和智能设备

简单来说，机器人是一种通过分析实时数据进行学习的机器，并且它会将学习到的内容转化为现实世界的活动，偶尔也会转化为非现实世界的活动。与人工智能的遭遇相似，流行小说也助长了人们对机器人的恐惧和误解。但现实没有那么夸张，机器人反而会带给企业和组织更加光明的发展前景。

机器人技术自 20 世纪 50 年代以来就存在了，但因为缺少大数据和人工智能的支持，该领域在当时没有实现飞速发展。现如今，大数据驱动的人工智能不需要人类干预，就能够让机器完成有意义的任务。机器人系统现在反应更灵敏，机器人的行为也更像人类，因为现在它们有足够多的人类数据，而且有能力快速处理数据并从中学习。

因此，我们现在能拥有自动驾驶汽车和完全由机器人运行的特斯拉制造工厂。我们有完备的“智能建筑”，其中的安全和环境系统可以实现自我监测并自动调整。我们有智能手表、智能电视、智能恒温器等，它们都是物联网（IoT）的组成部分。

我们还有像 Sophie 这样的拟人化机器人，它可以模仿人类进行逼真的对话；或者 Embodied 公司开发的机器人 Moxie，它有助于提高小学年龄段儿童的社交和情感方面的技能；[11] 或者 Tombot Jennie，一只为老年人提供情感支持的机器人小狗，它的外形极其逼真，表现得也像一只真狗。[12] 尽管我们仍有顾虑，而且机器人还没有得到广泛普及，但它们的优点是不可否认的。

机器人的实际应用已经证明了它们在医疗保健、交通运输、家用电器和其他方面的优点，并有可能持续带来积极影响，而不会如同人们想象的那样引发世界末日。

当然，机器人的应用领域并不局限于机械或电动方面的设备。智能手机、平板电脑和可穿戴设备，甚至是普通的个人电脑，都有“机器人”的成分。也就是说，它们都使用大数据和人工智能来收集关于人类行为的数据，在许多不同情况下，处理结果以满足使用它们的人类的需求。例如，移动设备的 GPS 无线信号及其内置的加速器提供了源源不断的数据流，这些数据流通过人工智能处理后，可以简化和指导我们的活动。一个例子是预装在许多智能手机上的健康应用程序，它可以测量一天中的步数，甚至记录重要的统计数据，以分析使用者的长期健康趋势。这些设备还会不断地记录我们的消费决策和其他活动，并且创造一个巨大的数据存储库，这个数据库可以被用来造福那些了解其价值的人。即使是与互联网连接的家用电器、安全系统和温度控制系统也会收集和利用大量的数据，用来支持人类决策或直接进行自主决策。

在任何意义上，都可以说我们的个人智能设备就是机器人。

你甚至可以把亚马逊完全自主运行的 Go 零售店看作“充满机器人的环境”。顾客下载 Amazon Go 应用程序，在走进商店时出示二维码进行扫描，从货架上拿起他们想要的东西，然后走出商店，商店的自动系统就会从他们的账户中扣费。这个过程完全不需要人类来执行。

七、影响显而易见

我们正在将机器人和智能设备与人工智能和大数据的力量结合起来，以满足不计其数的人类和商业需求。最大规模的应用案例是在制造业和医疗保健领域。

机器人正在从各方面帮助老龄人口，从缓解疼痛、减轻孤独感、进行物理治疗，到和患者沟通并确保其服药依从性都包括在内。由人工智能辅助的机器人手术也正在迅速成为现实。在制造业中，我们实现了机器人流程自动化，在这种情况下，制造或生产设备的数以千计的普通功能由人工智能进行操控和监测，包括机器人组装，甚至还包括机器人修复损坏或故障的系统。机器人可以改进流程，减少错误，所谓的“机器人顾问”甚至可以控制大量的消费金融服务流量。

机器人技术和智能设备才是能真正改变商业的，因为这是大数据和人工智能可以对现实世界产生影响的领域。例如，当航空公司将它们的数据用于设计和改进飞机操纵面，从而使飞机更省油时，它们就能节省成本并且获得更高的利润。当运输公司使用装配了传感器的无人机，而不是驾驶着耗油卡车的人类司机来交付小型包裹时，也会节省成本并且获得更高的利润。同样，当公司采用人工智能系统时，客服聊天机器人能够处理 90% 的来电咨询，这可以让公司削减工资，或将人工客服分配到需要人类关注的复杂问题上，此时效率也会提高。

在新型冠状病毒感染疫情大流行期间，发生了一个机器人辅助进行消费者保护的有力案例。许多小型企业发现，它们能否生存下来，取决于能否将包裹、食物或日用品直接送到人们的家中。问题在于，小偷也发现了这一点，所谓的“门廊窃贼”盗窃事件激增。然而，一些小公司想出了一个利用智能设备的解决方案。这些企业了解到，2017年以来大多数新车都有车载应用程序，允许智能手机激活基本功能，于是他们向客户提出了一个建议：当你下订单时，我们会向你发送一条短信，要求你允许使用一次性验证码解锁自己的车辆。

如果客户同意，在下完订单后，公司的司机会走到客户的汽车或越野车停放的地方，用这个一次性验证码开锁，把客户订购的物品放在后备厢，然后关闭车门并且重新锁好车辆。使用后，该验证码将过期并且不能再次使用，而且公司将明确送货人的身份和他们打开车锁的准确时间。通过这种方法，客户可以安全地拿到他们的无接触配送包裹。这是一个解决全球性问题的绝佳方案。

随着技术的改进，诸如更小、更轻的机器人和设备，性能更好的人工智能，更小的微处理器和越来越大的数据存储库，我们正在进入一个技术变得越来越有用的良性循环。大数据系统会持续捕捉和编录数百万亿的数据点。越来越复杂和强大的人工智能算法与神经网络会分析这些数据，学会更好地识别出这些数据隐藏的价值领域并预测人类需求。机器人和智能设备对人类需求做出回应，其速度和预见性有时似乎有先见之明。通过不断与消费者、商对商客户和环境的互动，智能设备会收集更多的数据，如此循环往复。

八、先进的机器正在改变游戏规则

生物技术公司美敦力（Medtronic）就是利用机器人技术的多功能性实现企业飞跃性增长的一个例子。新型冠状病毒感染疫情的影响使远程医疗成为许多医院和手术中心的必备能力，而机器人辅助手术（RAS）是远程医疗的核心所在。

美敦力的软组织机器人系统 Hugo，[13] 已经开始蚕食行业领先者美国直觉外科公司（Intuitive Surgical）的市场份额，这使美敦力不仅在本财年第四季度实现了 37% 的销售额增长，而且到 2023 财年，机器人辅助手术带来的年收入将达到 1 亿至 3 亿美元。

该公司还计划，在研发方面的投入将比过去任何时期都多。换句话说，先进的人工智能机器人技术使美敦力公司从远程医疗领域的边缘参与者变为变革的推动者。

很难找到比前鸟巢实验室（Nest Labs）更好的例子来展示，人工智能和智能设备的力量可以让一个默默无闻的品牌成为全球知名的品牌。该公司由前苹果工程师托尼 · 法德尔（Tony Fadell）和马特 · 罗杰斯（Matt Rogers）共同创立，并于 2011 年推出了其主打产品：鸟巢智能温控器。[14] 这款智能温控器可进行编程，可以通过 Wi-Fi 连接到云端，配备传感器，并且能够从用户行为模式中学习用户偏好，因此鸟巢智能温控器的上市引发了轰动，催生了如智能烟雾探测器和安全摄像机等相关产品，并在公众意识中建立了“智能家居”的概念。它是亚马逊的 Alexa 等“智能音箱”设备的鼻祖。

但是直到 2014 年，谷歌以 32 亿美元收购了拥有 150 名员工的鸟巢实验室，才证实了智能设备具有变革性的财富创造力。如今，鸟巢的品牌仍存在于谷歌的鸟巢设备中，包括家庭 Mesh Wi-Fi 系统和谷歌家庭智能音箱。对于一家成立 4 年的初创公司来说，这是相当不错的成绩。

九、盈利希望渺茫

云计算形式的互联网连接了整个技术生态系统，实现了智能学习、信息整合和效率提高的良性循环。云计算通过使用大量连接互联网的服务器，可以远程提供强大的数据处理能力。因此，机器人以及像 Siri、Alexa 这样的实时人工智能系统，不必真的拥有自己独立的人工智能（考虑到处理所有数据所需的计算机大小，这是不可能的），它们几乎可以瞬间连接到远程服务器和处理器，这些服务器和处理器可以处理分析数据的繁重工作，并向传感器、伺服系统和其他实体系统发送指令。

云技术让任何组织都可以提高处理速度、计算能力、改善数据结构并且完成复杂的分析，而无须对基础设施进行巨大的投资。这方面最好的例子是亚马逊网络服务（AWS），它占据了公共云市场份额的 32%。[15] 亚马逊网络服务、微软和其他云计算供应商通过将其强大的数据“后端”，以世界各地的公司能够负担的价格提供线上业务服务。

中等规模的公司能够从云技术中受益，因为它们不再需要建立自己的大型数据中心。云技术是为物联网设备供电的完美选择，从农场灌溉的传感器到家庭安全系统，再到“智能牙刷”都非常适用，因为这些设备通常使用 Wi-Fi 甚至 5G 无线网络连接来快速收发相对少量的数据。在大数据环境中，云技术的表现还不够好。因为它还不具备足够的处理速度和数据基础设施。

在 21 世纪初，开源项目 Apache Hadoop 得到了开发，进而使大数据计算成为可能。它最初被应用在大规模的本地计算机集群上，但最终被云计算所取代。当初的目标是，非结构化数据将进入云端并以更高的速度被处理，但能够远程处理所有非结构化数据的基础设施还不完备。云技术所期许的连接性和对任何地方数据的访问还没有完全实现，至少现在还没有实现。然而，随着摩尔定律继续发挥作用以及量子计算的发展，处理速度将继续不可阻挡地上升，存储容量也将继续增长。最终，云技术的效用将扩展到几乎任何规模的业务领域。

十、以特斯拉和亚马逊的商业模式思考

埃隆·马斯克（Elon Musk）的企业特斯拉（Tesla）长期以来一直走在利用云技术潜力的前沿。毫不夸张地说，如果没有使用云技术，特斯拉只会是一个平平无奇的电车制造商而已。多年以来，特斯拉驾驶者的档案会一直存储在其车辆内，可以让驾驶者对座椅位置、音乐设置、后视镜和其他设备的所有配置根据个人的偏好进行设置。每个驾驶者的配置档案都通过特斯拉应用程序或车钥匙与驾驶员的智能手机相连，这使得车辆能够检测出不同的驾驶员，并根据所需设置重新配置汽车。现在，这种根据驾驶者偏好进行汽车配置的能力，正通过特斯拉网络框架被转移到云端。

这不仅能够存储更多的驾驶者数据和媒介信息，而且还能让特斯拉使用基于云的算法来引导和“训练”自动驾驶汽车。特斯拉希望在 2022 年推出能够与优步和来福车（Lyft）竞争的共享汽车服务，这也将成为其人工智能系统的数据来源。[16]

亚马逊网络服务是另一个极佳的例子。21 世纪初，亚马逊的 IT 团队判断，应对快速增长的季节性电商流量以及其他发展瓶颈的方法，是专注于开发一个“快速、可靠、廉价”的架构。2006 年，亚马逊网络服务作为网店、媒体网站、游戏网站等的后端向公众开放，使得开发人员能够以低廉的价格快速访问按需云计算。

在过去的 15 年中，亚马逊的“电商服务”平台已经发展成了 EC2（一种虚拟机服务）、Glacier（一种低成本的云存储服务）和 S3 存储系统。如今，亚马逊网络服务约占公司总运营收入的 63%。这项技术不只是“云”而已，可以说它是一道“闪电”。

请向特斯拉和亚马逊学习：将你的业务迁移到云端。不要再继续用公司内部的主机处理大数据了，现在开始，收集你的数据，并且利用云计算和人工智能的远程力量，去了解你的数据说明了什么。你的企业是需要创新、提升效率，还是使用物联网、机器人和数据分析等最新技术？去弄清楚你的数据对你的业务会有什么影响。然后，你可以将这些数据带来的商业洞察力适当地应用于你的业务用例中，而不是坐等改变发生，最终落后于人。

看看网飞和星巴克以及下一章中描述的例子。归根结底，它们的崛起并非技术原因，也不只是商业智能的原因，而是在应用数据给予它们的商业洞察力并采取相应行动时，人工智能和相关技术带来的影响。这就又回到了战略性思维。当网飞试图进行变革时，流媒体还很原始，数据处理的速度也较低，它们的算法也还没有那么完备。但这些并不重要，因为它们知道应该提出什么问题，以及它们正在努力解决的业务问题是什么。

值得庆幸的是，你也可以提出这些问题。

第三章

比萨和化妆品有什么共同之处

到现在为止，你可能已经急着要跳到书中关于“如何做”的部分，但我想请你再忍耐一下。下面的例子将给你提供更广阔的背景和一些重要的新细节，这些补充将使你的数据应用和人工智能解决方案变得更加全面。

人工智能的力量在于，它有可能在几乎任何行业中开发出更多的价值并使其最大化。无论这些价值现在已经归你所有，还是尚未被开发和利用，它就隐藏在数据之中。你可以把数据想象成一种丰富的可再生自然资源，一种不会耗尽但容易被浪费的资源。通过使用人工智能及其相关技术，任何人都可以获取这种资源，并且利用它来达到事半功倍的效果。

无论一个公司的产品或服务是什么，或者它的设计初衷是否是盈利，人类的每项工作都会产生数据。例如，每当你卖出一个小部件时，你就已经创造了各种各样的数据。这些数据可以是结构化数据（比如它是什么东西、产量是多少、何时生产的、对谁销售、定价多少），也可以是非结构化数据（比如一张图片，一条买方上传的推特，一个购买行为的模式，以及这次销售产生的其他上千个看似随机的事件之一），与有形产品无关的人类工作也会产生数据（比如一次慈善捐款）。结构化数据非常丰富，但与一个事件相关的非结构化数据也极其丰富。

每个企业或每场非营利性活动，都可以为其自身提供源源不断的数据。尽管这些数据总是与其他对象和人员相联系，但它们对该组织的业务或目标来说都是独一无二的。总的来说，这些数据有可能多得令人不知所措。但事实上，对于那些知道如何使用它的人来说，这些数据就是一片充满机会的海洋。

一、两种方法，两种不同的结果

在第一章中，我介绍了我自己修改过的常见商业定位方法，我称为四大象限。根据公司承担风险和创新的意愿，以及其本身的增长潜力，这四大象限分别为优化型、创新型、扩张型和倍增型（见图 3.1）。正如我们将在本书后面部分中探讨的那样，处于这四个象限中的任何一家企业，都可以利用人工智能和大数据来发挥其优势。事实上，一家企业完全可以做到在所处象限中运用人工智能的经验，来推动其商业模式转型升级，最终成为一个倍增型企业。

例如，通过使用大数据和人工智能来降低成本和改进流程，一家优化型企业很可能发现新的市场潜力并转而成为一家扩张型企业。或者该企业可以利用相关经验来承担更多风险，开发新产品，采取竞争型战略。

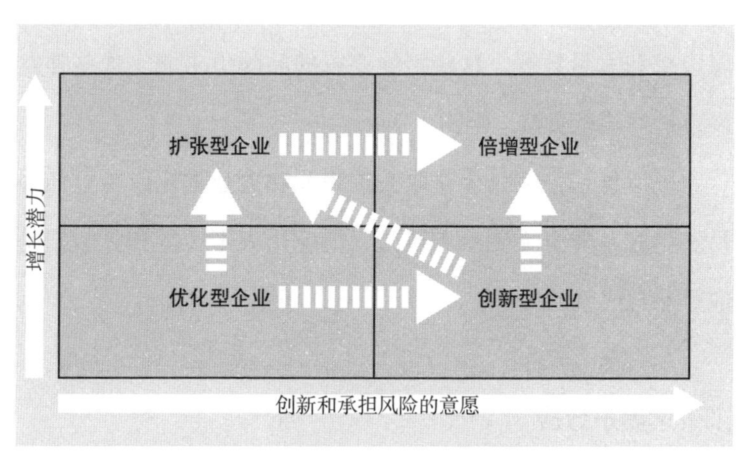

图 3.1　数据驱动型公司的力量象限

注：任何企业或非营利组织如今都可以从人工智能和大数据中受益，并利用这些经验向前发展。

最终，任何公司都可以利用他们在人工智能方面的专业知识，以正确的心态，沿着成为倍增型企业的道路前进。

本章将探讨那些愿意使用人工智能来发掘和利用其数据

价值的公司。虽然它们的产品和服务的性质差别很大，但共同点是它们都肯定了自身数据的潜力并愿意以全新的方式利用这些数据。它们起初都并非倍增型企业，但最终却都成为倍增型企业。这是因为它们敢于打破自身的商业模式，并且真正地跟随数据做出改变。这种做法最终使它们名利双收。

而本章的警示部分也将列出一些拒绝踏上变革之旅的公司。因为它们没有看到自身数据的价值，或者不愿意使用人工智能及其相关技术来发挥自身的优势，即使已经拥有了辉煌声誉和大量数据，这些拒绝变革的品牌也未能实现蓬勃发展，最终甚至会被迫倒闭。

好消息是，现如今获取人工智能和大数据比以往更加容易。尽管并非全无困难和风险，但应用人工智能和大数据是取得非凡成就的关键。

二、达美乐效应

在 2008—2009 年经济衰退之前，达美乐比萨（Domino's Pizza）连锁店正在遭受经济衰退的影响。截至 20 世纪 90 年代末，这家拥有 6 000 家门店的企业已经成为美国领先的比萨配送公司，并于 2004 年成功上市。然而，在此期间，外卖比萨的市场份额不断被冷冻比萨和竞争对手的快餐连锁店夺走。经济衰退导致了消费者支出下降，这使企业的经营情况变得更糟。许多竞争对手通过降价来应对挑战，但达美乐的方法是采用倍增型策略，利用智能设备和数据来重塑自己的营销方式。[1]

在早期，达美乐的品牌形象并不突出。焦点小组和新兴的网上论坛经常批评其产品，其中包括其饱受诟病的比萨外皮，被调侃像“硬纸板”。然而，达美乐非但没有逃避这些负面的批评，反而收集了这些数据，并开始寻找利用这些数据的方法。

正如该公司令人难忘的“哦，是的，我们做到了”的电视宣传一样，[2]达美乐将批评意见转化为从各个方面彻底改良其比萨配方的重要指示，最终用这段经历创作了一个自嘲式的纪实风格广告。[3]最终的结果是令人振奋的。重塑其比萨配方，并且强调对负面评价的重视之后，达美乐的销售额增加了 32.2%。该公司的股票价格也从每股 5 美元左右上升到 30 美元。但该公司对数据的创造性使用才刚刚开始。

2012 年，该公司推出了“创意烤箱”（Think Oven）（见图 3.2），这是一个用来积极征求客户意见的脸书页面，从新的菜单选项、对品牌可持续发展的建议到新的达美乐制服设计等一切项目都包括在内。[4]（从 10 000 多条建议中人工挑选出的最佳创意获得了现金奖励。）该账号获得了 100 多万的脸书新粉丝，更重要的是，达美乐通过它获得了大量源自公众的宝贵数据。该公司一直在积极使用这些数据，并开发出更多的应用程序，以更深入地了解顾客行为并且预测他们的需求。

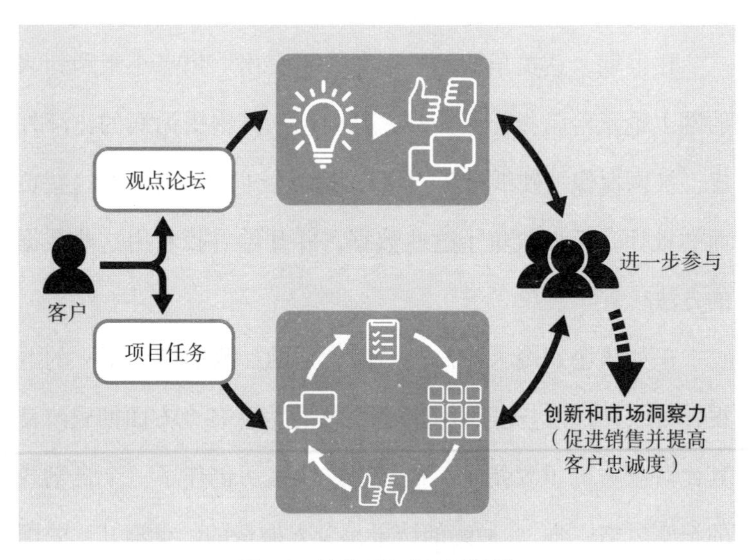

图 3.2 达美乐的“创意烤箱”

注：登录后的达美乐顾客可以参与“创意烤箱”制作过程的“观点论坛”或“项目任务”部分，新的创意能够在此得到讨论和投票表决。项目要经过构思过程，对提出的解决方案要进行讨论、分享和投票。这两个数据集都被进一步开发，并应用到新的达美乐商业活动中。

资料来源：图表改编自达美乐 2011 年 3 月 14 日的发布会，发表于 *Medium*。[5]

随着这些举措取得进展，达美乐开始从根本上重塑其商业模式，越来越多地使用数据和数字技术，推动其从一家快餐连锁店进行转型，正如公司高管所说：“达美乐其实是一家科技公司，只是正好在卖比萨。”[6]

这些举措采取了多种形式，其中许多延续使用到了今天。比如一个在线追踪器和一个语音订购应用程序，允许客户使用 Slack 程序、脸书消息、推特、达美乐移动应用程序，以及使用亚马逊的 Alexa 和谷歌语音助手通过智能电视来订购比萨。截至 2018 年，达美乐一半以上的销售额来自移动设备，其中包括一个“一键式”功能，让顾客无须输入新信息就能重复之前的订单。

随着持续的 A/B 测试和其预测分析技术的改进，由“创意烤箱”开始的数据收集计划已经进一步扩大了范围。除了扩大其社交媒体的影响力，通过其忠诚度计划收集和使用数据之外，达美乐公司还开发了昵称为“DOM”的人工智能虚拟助理，以帮助客户处理订单。达美乐还与福特在自动驾驶汽车项目方面达成了合作，以共同开发未来的自动配送系统。

达美乐持续激增的股价，虽然不是判定其企业价值的唯一指标，但却有力证明了其倍增型策略的效果。达美乐的发展动力不仅来自其对人工智能、大数据和智能设备的有意使用，还来自其领导人打破旧有商业模式并且追逐新模式的变革意愿。

这种倍增型策略仍然在发挥作用。2017 年，达美乐公司超过必胜客，一跃成为世界上最大的比萨连锁店。[7] 它的复合年增长率（CAGR）在 9%，其股票表现不仅优于其餐饮业竞争对手，而且还超过了美国市场上许多非餐饮业的“高大上”企业。[8]

对于一家比萨饼皮曾被比作“硬纸板”的公司来说，这个结果已经相当不错了。

三、它值得被拥有

欧莱雅是一家拥有 115 年历史的公司，但其经营方式就如同硅谷的初创型企业。这家国际美妆产品公司起源于一位法国化学家研发的染色配方，并开始将其销售给巴黎的美发师。如今，从其产品的化学成分到大数据和人工智能，欧莱雅已经加强了对科学技术方面的关注。

1997 年，哈佛商学院发表了一份关于欧莱雅计划重振 Plénitude 系列护肤品的营销研究报告。[9] 其营销活动的目标之一是提高欧莱雅品牌对大众的吸引力。顾客感知方面的数据是这项研究的关键因素之一，它能够衡量顾客对产品价格和有效性的反馈意见，以及产品对不同年龄和社会群体的吸引力。

欧莱雅顾客研究的一个方面，就涉及一个叫作“感知图谱”（perceptual mapping）的定位过程。通过获取所有受访者对品牌的属性评级，并将调查结果以二维图表的方式绘制出来，就能够将 Plénitude 产品线与竞争产品之间的关系可视化。进而，能够从产品包装、商店陈列、广告投放到库存保有单位（SKU）整合、分销策略和产品定价等各个方面做出有效改进。在这些努力之下，该产品系列在市场上的顾客感知开始改变，其销售量也实现了大幅增长。

在 20 世纪 90 年代末，利用数据的力量帮助公司实现了有效革新并且提高了利润率，但欧莱雅并没有止步于此。自此之后，欧莱雅就被称为“全球最具数字创新力的美妆公司”。[10]

我与欧莱雅公司美洲区首席信息官苏珊娜·格林伯格（Susannah Greenberg）进行了谈话并了解到，鉴于该公司众多的产品线和顾客多样化的习惯，这一挑战是非常艰巨的。

格林伯格提道：“消费者数据蕴含着巨大价值，我们相信，只有更深入地了解消费者，才能做到更好地服务他们。因此，久而久之，我们以一种尊重消费者隐私的方式建立了自己的数据平台，这个数据平台会包含他们愿意明确告知我们的数据，以及在某些情况下隐含的数据。例如，如果有人点击了很多次一个特定的产品类别，我们可以推断出他们目前对这个类别的产品比较感兴趣。一般来说，我们会尽可能多地了解消费者的情况。”

而收集到的数据产生的实际效用远远不止在产品推荐方面。“我们一直在思考，数据能告诉我们什么，我有什么问题想通过数据找到答案？”格林伯格在谈到补货率等问题时说明了数据的复杂性。在现实生活中，人们使用的洗发水往往是护发素的两倍，这对多种产品的整个生命周期都有影响。

2012 年，该公司在其已经非常强大的研究团队中，成立了位于美国的“欧莱雅联美孵化中心”。这个部门专注于技术创新和颠覆，以全新的方式应用大数据、人工智能、智能设备和云技术，其举措包括：

- 利用大数据和人工智能来指导产品开发。欧莱雅与云集成公司拓蓝（Talend）合作，每天收集超过 5 000 万条数据，并利用这个巨大的数据湖每年开发数千个新产品配方。[11] 据其实验数据智能专家菲利普·贝尼维（Philippe Benivay）所说，该部门的定位是为消费者提供尚未被考虑到的服务。“在美妆行业已经全球化的今天，”他说，“欧莱雅必须加快创新速度，寻找尊重消费者身体和环境的新产品和服务，以满足顾客的愿望和需求。”

这个过程将欧莱雅关于顾客对产品效果的看法的大量研究数据、公司对配方和原材料的生理化学定义，以及其他关于产品安全和成分毒性的数据实时联系起来。通过使用人工智能分析数据，可以直接得出科学家用以构想和开发新产品的数据分析结论。孵化中心还会为欧莱雅的其他部门提供信息，并鼓励他们进行反馈。

欧莱雅由数据驱动的本地化产品开发取得了显著成功，其 28 个国际化品牌覆盖了全球 130 个国家。欧莱雅在云计算方面的合作伙伴 IBM 称，能在这么多不同文化背景的地区取得成功，是因为欧莱雅拥有同步化、高质量的数据。[12]

- 使用人工智能和增强现实技术（AR）来提高经营成效。[13] 2015 年，该公司推出了千妆魔镜（Make up Genius），这是一款基于增强现实技术的移动应用程序，能够让用户在他们的智能手机上直接“看到”选择不同颜色头发和化妆品的妆容效果。用户只需使用设备摄像头上传他们的脸部图像，选择不同的产品，并滑动使用“使用前、使用后”的功能就能看到妆效。当然，它也为用户提供了一个简单的方法来订购他们喜欢的产品。欧莱雅后来收购了一个更先进的皮肤诊断系统 ModiFace，可以通过即时影像来模拟产品的使用。欧莱雅甚至还研发了一个“智能发梳”，这款产品使用电导传感器、加速计和其他技术，将数据发送到基于人工智能的算法中，从而为使用者推荐个性化的护发产品。

除了由智能设备驱动的电子商务（这部分在占公司收入中的占比正在快速增长），该公司还利用人工智能来简化招聘流程。为了处理每年超过 100 万份的工作申请以填补大约 15 000 个空缺岗位，类似应聘者可以到岗的时间和签证状态等方面的常规问题，就由欧莱雅的聊天机器人 Mya 代为处理。随后，人工智能系统 Seedlink 会分析评估候选人对开放式问题的回答。除了节约上百小时的筛选时间，人工智能工具还能甄选出在传统简历审核过程中容易被忽视的候选人。

- 使用智能设备和人工智能来重塑“对话式营销”。经过仔细研究，欧莱雅还推出了首个脸书智能聊天客服，利用人工智能帮助消费者找到合适的美容产品，并在对话过程中了解更多消费者的情况。该公司还在努力制定保障措施，以确保其品牌不会涉及极端主义内容。显而易见，欧莱雅是在利用人工智能，来缩短消费者从发现产品到实际购买的“关键时刻”之间的距离。正如欧莱雅首席数字营销官卢波米拉·罗切特（Lubomira Rochet）所说：“数字化（就是）与消费者建立联系，它可以帮助我们获得深入的市场洞察力，生产合适的产品，已经成为我们营销业务的重要支柱。”[14]

正如其显著的业务增长所展现出来的，所有的这些创新举措显然都使欧莱雅进入了倍增型企业的范畴。在几年的时间里，欧莱雅系统地利用自己的客户数据来改进，甚至可以说是重塑其商业模式。它利用数据和人工智能研发出了全新的、真正令顾客满意的产品，激发出了更深层次的顾客参与度和忠诚度，并开发出了一个在数据科学家看来真正理想的电商平台。

四、人工智能和小型公司

到目前为止，倍增型策略的案例主要都是大型的跨国公司，尽管它们肯定不是从创业初期就有这么大的规模。其中一个原因是，上市公司有一种方便的、公认的简单方式来衡量其增长的速度，也就是它们的股价。

大公司的成功案例无疑是鼓舞人心的，但对于大多为私营的小规模公司来说，人工智能带来的益处就有些难以量化了。然而，人工智能及其相关技术所带来的益处是真实的，而且几乎适用于任何规模的公司。

对于规模较小的公司，一定要注意，应用人工智能和大数据的相关技术不可能一蹴而就。正如我们将在后面看到的，最佳策略是选择一个关键领域，绝对不要超过两个或三个领域，应当先在一个关键领域中应用人工智能。

五、更高效的招聘

对于任何规模的公司来说，招聘和雇用新人才的艰难过程就是这样一个值得关注的领域。新型冠状病毒感染疫情增加了空缺职位的数量，这对企业来说是一个极其重的负担，也对公司发展造成了障碍。可惜，传统的人力资源筛选过程耗时长、成本高，而且很难发现并雇用合适的人才。此外，国际招聘以及寻找来自不同国家和文化的人才也会给招聘工作带来更多负担。

好消息是，所有进入人力资源管理轨道的简历、电子邮件、语音邮件和文本信息都是非结构化数据，这意味着它们是开发和利用人工智能的沃土。

人工智能开发商 RChilli 开发了一种以数据为中心的方法

来解决这个问题，这种方法已经被人力资源公司、招聘人员以及长期有招聘困难的大中型企业所采纳。RChilli 系统通常集成于招聘网站和求职者追踪软件（ATS），它包含一个多语言分析器，用于分析以 Word 或其他格式提交的简历。如联系电话和电子邮件地址这样的常规信息，提取出来这些信息相对比较容易，但很多时候，简历的非结构化文本中也包含着重要信息。因此，就需要 RChilli 的人工智能组件自然语言处理系统（NLP）来提取这些数据，并自动将其转换为相关信息。

对于社交媒体信息和其他非结构化的数据源，该系统也能做到这一点。它最近还引入了新的隐私保障措施，包括遵守欧盟的《通用数据保护条例》（GDPR），而且它甚至还可以过滤下意识的偏见。然后该系统可以使用技能和岗位分类法，对所产生的大数据集进行评估，最终找出符合特定职位和工作要求的有前途的候选人。

不少企业都会应用这种水平的人工智能技术。人力资源咨询和技术公司伯克希尔联合公司（Berkshire Associates）成功地将 RChilli 整合到其名为 BalanceTRAK 的申请人追踪系统中，该系统得到了广泛应用。[15] 伯克希尔的人工智能系统起源于自动化反优先雇佣行动计划，现在已经大大改善了求职者的求职体验，并且提高了招聘者的工作效率。

中等规模的云计算开发商天工英才（Phenom People）也从这种招聘方法中受益匪浅。这家公司发现，仁科公司（PeopleSoft）、甲骨文云（Oracle Cloud）和思爱普（SAP）的招聘模块，在壮大其超过 9 000 名员工的熟练劳动力方面，可以更有效率。通过将 RChilli 人工智能分析程序整合到这些系统中，该公司能够将每个雇员的成本降低 60%，这会使整个人才招聘的过程更加容易。他们还发现，因为他们的人力资源部能够更好地匹配员工的理想岗位和工作技能，所以应用这些招聘系统降低了员工流失率。

这种招聘方法也被更大的公司采用，包括全球薪资处理巨头 ADP [16]（Automatic Data Processing）。RChilli 分析程序大大减轻了公司手动输入数据和从大量简历中筛选候选人的负担。它甚至可以处理来自电子邮件和社交平台的候选人数据，这使招聘成本降低了 58%。

六、基于数据的市场营销

人工智能的另一个常见应用领域是数字营销，在这方面小公司也可以相对容易地应用。随着过去 20 年来媒体渠道的爆炸性增长，公司往往难以应对来自网络、社交媒体和移动应用程序的海量数据，这些数据主要是非结构化的。搜索优化和付费搜索的广告一开始听起来很有前景，但较小的营销部门很快就会被过多的数据淹没，而没有时间来整理这些数据。

数字营销公司 NoGood 在其一系列营销服务中加入了人工智能的元素，包括搜索引擎优化、付费搜索、社交广告和漏斗转化营销。所有这些营销服务的共同点是它们处理非结构化数据的方法，也就是利用人工智能来分析大量的用户活动，将其提炼成对内容营销活动有意义的行动。

从这些数据中提取有意义的信息，有益之处显而易见。NoGood 的营销方法使一家意大利食品在线销售商 Fratelli Carli 的新客户收入增加了 350%，现有客户收入增加了 50%。[17] 人工智能的应用使该公司能够分析其客户的兴趣、偏好和消费心理，快速测试新的用户画像，并通过多种媒体渠道设计个性化的用户留存策略。

同样的数据分析方法被应用于 Steer，这是一个基于用户订阅的电动汽车服务平台，提供购买或租赁车辆的替代方案。[18] 通过使用人工智能支持的产品原型设计、竞品研究和漏斗终端用户体验分析，NoGood 能够为该公司提供有效的媒体平台管理服务，进而设计影响广泛的广告和营销活动。其成果是 Steer 的网络流量增加了 600%，转换率增加了 320%，月收入增加了 37%。

七、更健康的选择

医疗保健行业的规模巨大，包括大型制药公司、设备制造商、保险公司和保健服务供应商。与此同时，这个行业也包括许多规模较小的公司、医院和诊所，其中不少都难以处理堆积如山的大量数据。

在医疗保健领域应用大数据和人工智能的机会是巨大的。2020 年医学杂志的一篇文章[19]指出了在医疗保健领域应用大数据和人工智能的一些显著优点，除其他方面外，包括在以下方面带来了改善：

- 更快速、更准确的诊断结果。通过将身体检查结果载入系统中，能够考虑到所有可能性并自动识别患者的缺陷、疾病甚至找出可用的治疗方法，从而获得更快速、更准确的诊断结果。
- 减少由工作人员过度疲劳造成的错误 。
- 基于人工智能的手术辅助。使人类外科医生能够更准确地进行微创手术。
- 改进放射性检查结果。对于来自核磁共振、胎儿超声波的图像和其他非结构化数据，提供更加全面的解释。

这些在医疗保健领域许多方面的改善将提高护理质量，降低成本，或两者兼而有之。其中包括为阿尔茨海默病患者提供虚拟助手，以及利用红外光对色素沉着病变进行算法评估以提早检测出黑色素瘤，[20] 还包括大幅减少住院人数等诸多好处。2020 年，《福布斯》报道了 [21] 美国新泽西州克莱尔医疗（Clare Medical）的一项研究，其中一种基于人工智能的诊断工具准确预测了各种严重的临床结果。这些患者大多数是老年人或存在其他健康隐患的人，其中超过 50% 的人在预测结果公布后不需要住院治疗。

让他们有时间采取预防措施。根据克莱尔医疗的总结，一个患有多种并发症的老年患者入院一次就会花费 3 万多美元，并使患者面临更多风险。[22] 所以，将人工智能引入医疗保健领域显然在经济和社会价值方面都能产生倍增效应。

最后，另一家医院已经证明了人工智能在提高医疗质量和降低成本方面的潜力。2020 年，哈肯萨克医疗中心（Hackensack Medical Center）成为美国新泽西州第一家实施人工智能外科培训计划的医院。[23] 这个名为 C-SATS 的系统使该医院的手术机器人团队能够安全地追踪治疗过程，不断提高医疗技能，并改善患者的整体预后。

八、错失良机

如果没有警示性的反面案例，关于成功的倍增型策略的讨论就不算完整了。有太多的公司直接拒绝了进入人工智能和大数据领域，即使只是入门级的优化型策略它们也不愿意尝试。伊士曼柯达公司（Eastman Kodak Company）就是这样一家公司。

从 19 世纪 80 年代开始，柯达相机是有史以来为大众用户开发的最具创新性和营利性的技术。这种相机是一个极其简单的装置，一个皮革盖的盒式相机，预装了一卷未曝光的胶片。用户拍摄了 100 张照片后，他们就会将相机送回工厂。“仅仅”花 10 美元（今天约为 290 美元），相机就被送回来了，还装上了一卷新的未曝光胶卷，以及底片和裱好的照片。这是一个老套的剃须刀和刀片式配套销售模式：卖给客户一个便宜的设备，然后用它所需的消耗品来赚钱!

几十年来，基于其对胶片和用于控制胶片的设备的掌握，柯达都是北美地区毋庸置疑的摄影产业巨头，在个人、专业和工业摄影方面都是如此。

有时，柯达会与欧洲和亚洲的同行展开较量，比如爱克发（Agfa）和富士（Fujifilm），但它的市场地位都基本上保持不变。然而，随着基于计算机成像和网络技术的数码摄影出现，一切都发生了翻天覆地的变化。

人们常说数码摄影技术的出现让柯达公司措手不及，但实际情况要复杂得多。[24] 实际上，柯达在 20 世纪 70 年代中期就开发了第一台手持式数码相机，但由于担心它会侵蚀其胶片业务，柯达迅速放弃了这个项目。尽管有这种担心，该公司后来还是与苹果和其他公司合作，于 1996 年发布了其非常昂贵的数码相机产品。

在 20 世纪 90 年代和 21 世纪初，柯达收购了许多拥有新技术的公司，似乎是在追求一种扩张型策略。然而，这些收购中很少有与大数据或人工智能有关的，或者说，随便一个观察者可能会这么想。实际上，柯达错过了一个成为倍增型企业的巨大机遇。

2001 年，柯达收购了 Ofoto，这是一家位于加州的创业公司，该公司能够让用户上传、分享和打印数码照片。据《哈佛商业评论》的斯科特·安东尼（Scott Anthony）所说，[25] 这笔收购似乎早有先见之明。早在脸书出现在社交媒体领域之前，柯达就围绕着分享“柯达瞬间”的理念建立了自己的品牌，因此它有一个绝佳的机会将其转化为一个分享照片、个人活动、新闻和其他信息的社交网站。

对于这些堆积如山的非结构化数据，柯达本可以应用真正的数据科学，并最终应用人工智能来改变其商业模式，甚至可能成为领先的社交媒体平台。然而不幸的是，该公司却选择将其主要用于照片打印，可以说是倒退回了其 19 世纪原始的商业模式。但是，用户的爱好已经从打印照片转向在网上分享照片，这产生了大量的非结构化数据，而很少有公司认为这些数据有价值。

柯达最终在 2012 年的破产重组中出售了这项服务。

自摆脱银行破产危机以来，柯达一直经营不善，但它的财务问题并不是新出现的。2010 年，在它被道琼斯工业平均指数（Dow Jones Industrial Average）除名的 6 年后，它又被标普 500 指数[26]除名，结束了它长达 53 年以来一直跻身于美国 500 强企业的历史。

柯达的衰落和网飞的崛起形成了一个重要的对比。柯达专注于产品（相机、胶片，以及后来的数码图像），而不是产品对消费者的价值。[27]正如我们在第一章中所看到的，网飞愿意放弃它们现有的产品，转而追随产品对消费者的价值，无论数据告诉它们这些价值存在于何处。

九、采取措施

正如我们将在后文中探讨的那样，有一些建设性的方法可以用来开启人工智能和大数据之旅。简而言之，以下是公司需要遵循的步骤。

- 第一步：把你所在的行业作为一个整体来看待，找出其他人没有利用的价值点、不足之处或机会。对于网飞来说，这一步就是寄送DVD与传播流媒体内容之间的区别。
- 第二步：找出你当前商业模式的局限性，也就是那些阻碍你挖掘潜在价值的东西。
- 第三步：确定并了解能够释放潜在价值的技术。（如有必要，请重读第二章。）
- 第四步：制定基于该技术的发展策略，以释放潜在价值。记住，试图一次性做完所有事情可能不会成功，但要知道下一步可能要做什么。
- 第五步：实施这些策略，颠覆你的商业模式。请记住，在技术方面合作可能会比单打独斗更快实现你的目标。
- 第六步：在组织架构和企业文化方面实施发展策略，以支持变革并保持你的全新商业模式不断演变改进。很多时候，数据和人工智能带来的洞察力本身就可以作为路标，告诉你哪些领域仍然亟须变革。

几乎每个公司或非营利组织都有能力做到遵循这些步骤。即使你的组织性质决定了需要从优化型或扩张型战略开始也是如此。正如本章中的例子所示，应用人工智能并不需要在开始之前孤军奋战或拥有无限的资源。总有一些有能力的合作伙伴可以帮助你开启这段旅程，而且最好是一次只进行一个计划。

通过开始应用人工智能和大数据，你的企业最终将抵达与达美乐或者欧莱雅相同的目的地。如果你这样做，你就要准备好抛开旧的商业模式，找到并遵循数据的指引，并且使自己的内在价值成倍增长。

然而，在进入规划和实施人工智能战略的实际步骤之前，有必要提醒大家注意一点：人工智能、机器学习，以及所有与之相关的技术都是由人类创造的。正因为我们是人类，所以我们都有缺陷，而技术的结果有时也是不完美的。因此，为了创造从任何意义上来说都是最好的结果，接下来的一章将讨论以合乎道德和负责任的方式应用这些工具的必要性。

第四章

合乎道德和可持续的人工智能

2021 年秋天,《华尔街日报》的调查记者发布了一个由 16 个部分组成的爆炸性系列报道，揭露了科技巨头脸书的不光彩行为。[1] 这些文章和相关播客引发了公众的强烈抗议，并呼吁相关部门对其不良行为进行监管。脸书主要通过公关措施和将公司名称改为 Meta 来回应公众的不满。然而，截至本书写作时，它还没有解决真正的问题：以不道德和不负责任的方式应用大数据和人工智能。

以不道德的方式应用人工智能相关技术会在现实世界产生真实的后果。根据《布朗政治评论》的一篇报告，Meta 可能正在面临这些后果，包括刑事或民事责任，加强监管，以及反垄断诉讼。[2] 但这也会对所有公司和组织造成后果，不只是像脸书这样的科技巨头。商业道德（包括以道德的方式使用技术）对底线有着重大影响，包括那些有道德的公司获得更高的回报，而那些没有道德的公司的客户忠诚度会下降。[3]

换句话说，人工智能和大数据虽然可以使你的商业成就倍增（这本书将帮助你实现这一点），但是如果以不道德和不负责任的方式应用这些技术，它们也可能使你的业务面临更惨痛的失败。它们还可能对人、社区乃至你做生意的整颗星球产生巨大的影响，这种影响既有可能是积极的也有可能是消极的。

科技总是如此。已故的纽约大学教授尼尔·波兹曼（Neil Postman）曾指出，假设技术创新的影响是片面的，这是一种谬误。他曾提道："每一项技术既是绊脚石，又是加速器；技术带来的影响不是非此即彼，而是福祸相依。"[4] 人工智能也是如此。

人工智能的真正不同之处在于速度。对于早期的技术，比如印刷术、蒸汽机或汽车，无论结果是好是坏，都需要几十年或更长的时间才能得以验证。但对于人工智能来说，几乎是即时就能显现出结果。根据定义，人工智能和机器学习可以辨别模式并做出决定，其速度比人类或其机构能做到的速度更快。如果结果对每个人都有好处，那就没问题，但如果会不可避免地造成伤害，那就不行了。有了这样一种"易燃"的技术，伦理问题和长期的可持续性就不只是道德方面的决定。对于企业来说，它们是必不可少的。

一、什么是合乎道德的人工智能

鉴于人工智能具有如此深远的潜力，其伦理问题一直以来都是许多学术研究的主题。德国图宾根大学发表的一篇论文分析了过去五年里发布的 22 条不同的人工智能伦理准则。[5] 幸运的是，其他人已经将这个问题提炼为五个基本原则。[6]

- 透明度。这一点囊括几个方面，包括要求自主决策的人工智能系统必须提供令人满意的解释，并且可以由主管人员审核。此外，如果人工智能造成了伤害，应该确保能够查明原因。人工智能并非一个神秘的“黑匣子”。这种流行的谬论，必须通过让人们清楚地理解它的行动加以反驳。
- 正义和公平。这一点要求高度自主的人工智能系统，要按照人类的价值观进行设计和操作。它必须与人类尊严和自主性、基本权利以及尊重种族、性别和文化多样性等理想相一致。对人工智能的偏见在如今已经成为一个不幸的现实，[7] 尤其是在涉及教育、招聘和信贷申请等方面。然而，现在有一致的努力来驳斥对于人工智能系统的这些偏见。[8]
- 非伤害性。人工智能系统在设计时绝不能有危害性或破坏性目的。它们不仅应该是安全可靠的，而且还应该使尽可能多的人受益。这包括共享经济繁荣的目标，这最终将使全球的个人和企业都受益。非伤害性原则也意味着，人工智能系统的设计和使用应该尊重和促进重要的社会和公民发展进程，而不是颠覆它们。

- 责任。这意味着那些设计、构建和使用人工智能系统的人，在它们的积极使用、消极滥用和最终影响方面有实际的利害关系。他们有责任（和机会）来控制这些人工智能系统的用途及其产生的结果。这超出了任何个人或公司的生命周期。人工智能有可能深刻地改变地球上的生活，使之变得更好，或是带来灾难性的风险。因此，我们需要极其谨慎、竭尽全力地来管理人工智能技术，并且提前规划、尽量减少不良后果。
- 隐私和选择权。鉴于人工智能分析个人数据的能力和速度，生成这些数据的人应该始终有权访问、管理和控制这些数据。此外，当应用于个人数据分析时，人工智能决不能不合理地限制个人的自由，无论是真实世界的，还是感知层面的。隐私和选择权还意味着，人类应该选择如何（以及是否）将决策权委托给人工智能，以实现人类选定的目标。

在法律责任和风险缓解方面，人工智能和大数据在伦理方面的影响已经体现出来了。[9] 政府监管通常姗姗来迟，但民事诉讼的数量预计会增加，尤其是在偏见、数据安全、个人隐私和第三方恶意行为等领域。[10] 风险管理人意识到了这个问题，但却不太确定应当如何解决。根据埃森哲的统计数据，在 2019 年，58% 的受访者认为人工智能是造成意外后果的最大潜在原因，但只有 11% 的人表示他们完全有能力评估这些风险。[11] 埃森哲的研究进一步定义了负责任的人工智能的四大主要“支柱”，包括以下几方面。

- 组织方面。在领导层的支持下，公司应该提高对人工智能潜在风险的认识，优先考虑长远利益而非短期的产品成功。领导层应当认识到应用人工智能需要新的绩效指标和相应岗位，并积极提高管理技能或为这些岗位招聘合适的人才。
- 运营方面。公司和组织应该通过明确人工智能的角色、目标和责任，积极审查并使其治理结构更加透明和跨领域。
- 技术方面。人工智能系统应该被设计成公平的、值得信任的和能够解释的。这就需要花时间来了解偏见和其他可能影响结果的因素。

- 声誉方面。在这方面，企业不仅要秉持负责任的经营使命，还要致力持续衡量关键的人工智能指标，以确保其能够控制风险并清楚地传达结果。

二、只依靠道德框架还不够

人工智能和大数据在伦理方面的影响不可小觑。为了保护其公民，各国开始制定关于使用人工智能的法律法规，特别是在涉及隐私的方面。然而，在其他国家不加限制地使用人工智能，也可能很容易影响到人工智能受管制地区的公民和企业。因此，许多人主张建立一套国际通用的惯例，[12]而支持这一设想的材料不在少数。2020 年，计算和社会责任中心（CCSR）的负责人就这一主题出版了一本综合性书籍。[13] 2021 年，联合国教科文组织（UNESCO）的成员国通过了第一份关于人工智能道德伦理问题的全球性决议。[14]同年，达沃斯世界经济论坛发布了一个人力资源"工具包"，目的是以合乎道德的方式应用人工智能。[15]然而，仅仅以书面形式呈现这些设想还远远不够。企业和组织在计划使用人工智能时，必须建立明确的衡量标准和问责机制。而且企业必须积极主动地这样做，而不是等到人工智能产生了有害影响后才采取行动。[16]如果不主动采取行动，维护企业的声誉、客户以及经营的底线，工作将变得更加困难，成本也将更高。

三、商业案例

研究表明，一般来说，商业道德的水平是公司或组织能否获得长期成功的关键因素之一。[17]而且鉴于人工智能和大数据产生结果如此迅速，道德任务就更加重要了。

然而，当涉及以合乎道德的方式应用人工智能时，采取偏向保守性的立场并不能说明问题的全部。一些公司和组织采取了积极主动的措施确保人工智能的应用合乎道德要求，这样做不仅可以避免成本高昂的诉讼或政府处罚，也取得了更大的成就，在经济效益方面也是如此。设想一下，如果一个品牌的人工智能推荐引擎真正满足了你的需求，或是让你的生活更加轻松，你对这个品牌的用户忠诚度是否会有所提升？现在再想想，如果你对该品牌的公平性和透明度充满信心，而且这个品牌还充分尊重你的隐私，你的用户忠诚度会提高吗？以这种方式应用人工智能的公司，势必会从增长的用户忠诚度中获益。格雷格·萨特尔（Greg Satell）和亚斯明·阿卜杜勒–马吉德（Yassmin Abdel-Magied）在《哈佛商业评论》中谈到这个问题时指出[18]："我们需要开始将消除对人工智能的偏见不只视为'一件可有可无的好事'，而要将其视为经济发展和参与竞争的必要条件。商业领袖们请注意：通过使我们的人工智能系统更加公平，我们也可以增加企业利润、提高经营效率。"

随着公司和其他组织意识到人工智能和大数据的巨大潜力，它们将从根本上受到激励，并最终以合乎道德的、可持续的方式应用它。事实上，如果公司、组织甚至是政府，开始利用人工智能技术本身来寻找新的方式，以更加合乎道德的方式应用人工智能和大数据，也不会令人惊讶。

而这种情况已经在医疗保健领域发生了，到 2030 年，人工智能有可能为全球经济增加约 13 万亿欧元的产值。[19] 医疗保健行业已经受到了既定的、强制执行的医学伦理以及严格的患者隐私要求的制约，因此合乎道德的人工智能自然而然适用于这个领域。例如，在美国，医疗保险索赔的信息构成了一个巨大的数据集。根据规定和法律，这些数据必须严格保密。

但是如果以合乎道德的方式利用这些数据，它们就会为人工智能驱动的商业决策提供丰富的预测价值。

对于合乎道德的人工智能而言，另一个有前景的应用领域是在人才管理方面。在新型冠状病毒感染疫情肆虐后的就业市场上，对人才的需求可能会继续超过供应，因此企业需要人工智能的帮助，来寻觅对其发展至关重要的合适人才。但如果数据集被性别歧视或文化偏见歪曲，那么人工智能可能只会加剧招聘中的偏见问题。事实上，一些人工智能主导的招聘机制可能会诱使雇主以不公平的方式考察候选人的种族、性取向、生活方式或身体状况（特别是在隐私保护较差的国家），而不是他们的实际任职资格。[20] 最终，这可能会妨碍公司找到合格的人才。

2019 年，《哈佛商业评论》中的一篇文章指出了这种困境以及可能的解决方案。[21] 虽然人工智能在人才管理方面的应用仍处于起步阶段，但它具有巨大的潜力，不仅可以消除偏见，还可以增强人才、付出的努力和取得的成就之间的联系，让努力工作的员工更容易获得成功。如果大数据集能拥有更加客观和严格的绩效指标，更少的主观意见和通常带有偏见的评估，那么人工智能将更有可能仅仅根据申请者的优点找到与岗位匹配的人才。这篇文章还指出，人工智能可以反映现实的情况，包括人力资源招聘实践中不应存在的偏见。但是通过解决基础训练数据集中的偏见，应用人工智能可以获得更好的结果。

人工智能和大数据已经成为许多公司的竞争优势，比如那些在坚守社会责任和道德标准的同时，也实现了成本节约和利润激增的公司。[22] 其中包括 Aclima 基于云的平台，这个平台会将关于空气质量的大数据转化为具有实际价值的、符合当地需要的市场见解。以及 Snowflake 应对了多种业务挑战的人工智能解决方案，也属于成功案例之一。（Snowflake 在 2020 年的首次公开募股是软件行业史上规模最大的一次，并且该公司仍在蓬勃发展。[23]）

人工智能开发商 Theator 与麦吉尔大学等机构合作，分析了数千小时的手术视频，为正在接受培训的和正式的手术医生提供了信息丰富的反馈。一项研究认为，在手术工作流程中整合人工智能系统将有助于改进决策过程，最终增加医生的经验并且改善患者护理。[24]

人工智能解决方案不需要太过复杂或昂贵，任何企业或组织都可以找到修复损坏系统和解决复杂问题的方法。一个非营利性的动物收容组织就是很好的例子，能很好地说明如何实现这两点。[25]

最佳挚友动物协会（Best Friends Animal Society）成立于 1984 年，其远大的愿景是在 2025 年之前，终结收容所杀害健康的、可领养的动物的行为。该协会已经与 3 000 多个动物收容所和救援组织合作，并与大约 10 000 个关心动物的伙伴合作。它所面临的挑战是将来自宠物主人、兽医、宠物美容师和其他来源的大量数据转化为可实际操作的方案，这样才能使收容所和救援组织能够轻松追踪并找到动物的主人或合适的领养人。

通过与 Vendia 和 Magvii 等开发商合作，并使用亚马逊 AWS 的低成本云数据服务，该协会正在创建一个名为宠物链的区块链数据网络。通过使用这个防篡改系统，可以在动物的整个生命周期中追踪它们，人工智能算法可以使用这些数据轻松地识别宠物的身份，并且使丢失的宠物和主人团聚。

他们对数据的使用刷新了该协会令人印象深刻的“拒绝杀害”纪录，收容所中被杀害的动物数量减少了 96%。更加令人印象深刻的是，实现该解决方案没有那么困难。Vendia 联合创始人说：“对我来说最重要的是，一个几乎没有任何专业开发人员的非营利组织，能够以一种非常简单的方式顺利地做到这一点。如果一个非营利组织，能够在其公司中几乎没有开发人员的情况下使用最先进的技术，任何人都可以做到这一点。”

四、两全其美

谈到人工智能、大数据和智能设备，有一家规模稍小的

Coda 咖啡公司，其案例就能够很好地诠释如何将营利性和道德性相结合。[26]

2005 年，蒂姆·史威兹（Tim Thwaites）和汤米·史威兹（Tommy Thwaites）在美国科罗拉多州丹佛市创立了 Coda 咖啡，其定位是一家咖啡烘焙和批发商。Coda 的创始原则之一是致力生产高质量的咖啡，同时也要保护环境，并且促进可持续的农业实践发展。这就意味着要直接与农民合作，为品质最好的咖啡豆向他们支付额外的金额。

大约 2 500 万小农户生产出了大约占世界产量 80% 的咖啡豆。他们拥有小块土地，主要依靠家庭劳动力来生产经济作物。1988 年首次推出了公平贸易认证，它的目的是公平地补偿小农生产者，同时也通过引进和推广可持续的耕作方法使这些小农受益。

史威兹兄弟发现了公平贸易认证的益处，但他们也知道要想保证咖啡豆的质量，这样做还不够。他们提道："公平贸易认证对咖啡质量的提升是有限度的，因此，如果没有外部团队去农场推动种植者种植更好的咖啡，这些咖啡种植者就没有什么动力去超越这个质量限度。"

因此，在 2011 年，该公司推出了一个更加雄心勃勃的质量认证计划“Farm2Cup”。只要农民种植的咖啡豆符合某些标准（这些标准可以通过更好和更可持续的耕作方法达到），这些农民的咖啡豆就能卖出明显更高的价格。（该项目还鼓励农民以其他方式回馈他们所在的社区，这通常由Coda的独立捐款支持。）

问题是，衡量咖啡豆的质量是一个主观的感知过程，因此提升咖啡豆质量并不能轻松地扩大Coda的业务。

因为雇用更多的专家来评判咖啡豆的质量不现实，因此应用人工智能就是一个合理的选择。

Coda咖啡随后与Bext360达成了合作。Bext360开发了一种结合目视检测和人工智能的设备，可以确定大量实物的特征，在与Coda的合作中，这些实物就是咖啡豆。在乌干达的试点研究中，这种设备将每颗咖啡豆都进行了成像，并使用人工智能对咖啡豆的颜色、亮度和缺陷进行了分析。如果由此产生的“杯测分数”超过了80分，就表明这些咖啡豆是精品级的，种植出这些咖啡豆的农民就会得到一张即期付款的发票。

从咖啡豆被机器处理的节点开始，人工智能程序会分别向云端上传每个批次的咖啡豆的相关文本文件，这些文件会在云端成为安全的区块链记录。在咖啡生产过程中的每一步，都会有一个新的、不可人为篡改的区块链记录将被添加到过程链上，进而保证从乌干达的原产地到丹佛的 Coda 咖啡之间，整个生产过程都非常透明。

人工智能不仅提供了一种自动化评估咖啡豆质量的方法，在此过程中激励了种植咖啡豆的农民，它还为 Coda 咖啡开拓了扩大其业务的途径。

在 2019 年，Coda 有望同比增长 20% 至 30%。[27] 对于一家建立在道德信念基础上，利用人工智能实现这些信念，并且在这个过程中还能实现盈利的公司来说，这个结果相当不错。

五、人为因素

最后，广泛应用人工智能和机器学习技术的最大道德或社会学障碍，是担心这些技术实现了重复性工作或简单任务的自动化，最终会导致工作岗位数量的削减。虽然使用人工智能确实可以更高效地处理许多任务，但其中相当一部分任务是人类原本就没有能力完成的。比如网飞的图像分析方法，判断电影缩略图“A”和“B”中的哪一个会更吸引观众。

理论上，人类可以手动进行这种分析，但这样做会耗费大量的时间和金钱。这种高昂的成本就是以前没有公司认真尝试这种分析方法的原因，也是为什么网飞用人工智能和机器学习来进行这项工作是如此具有革命性。

没有人可以否认，自动化已经扰乱了劳动力市场的现状，正如自工业革命以来已经发生的那样。人工执行的工作，必将在变革的过程中发生翻天覆地的改变，并且会遭遇一定程度的阵痛。但是这种观点忽略了人工智能会创造出新的工作岗位，更重要的是，它可以提高人类完成现有工作的效率。

这方面最著名的案例发生在李维斯（Levi Strauss & Company），这家拥有 170 年历史的公司以蓝色牛仔裤的发明者而闻名。在全球战略和人工智能首席官卡蒂亚·沃尔什（Katia Walsh）的领导下，该公司的数字化方案涵盖了广泛的业务改进措施，其中包括由人工智能驱动的新产品设计流程。在最近发布的《我、我自己和人工智能》（*Me，Myself，and AI*）播客节目中，[28] 沃尔什描述了该公司全新的“机器学习训练营”。在那里，员工与数据科学家合作，共同开发新的人工智能解决方案，甚至能够更加了解数据在自身工作中的作用。

> 在谈到截至目前参加训练营的 101 名毕业生时，沃尔什指出：“我们收到了大约 450 份申请。但这个项目并非适合所有人，因为它需要参与者暂停 8 周的日常工作。”对于公司和员工个人来说，成效都是显著的，许多参与者

都将他们的新技能应用到了日常工作中。训练营的毕业生已经将他们学到的新技能应用到了整个公司的一系列领域，从自动生成供应链报告到为配送中心创建预测性维护模型，从优化商店位置的选择到转变消费需求预测，都包括在内。

训练营的毕业生还推动了李维斯在产品设计领域向前迈进。沃尔什说："无论是以人为本的产品设计，还是人类让机器变得更聪明，人类实际上都是人工智能最重要的部分。当然，反之，机器也会帮助人类变得更加优秀。就人工智能驱动的产品设计而言，更令人惊喜的是，李维斯的这项工作是由我们的一位年轻设计师开创的，而他并没有接受过机器学习或计算机科学方面的系统培训。他就是我们行业首个机器学习训练营的 101 名毕业生之一。"

这种方法的一个重大优点是大大提高了有价值员工的留存率。沃尔什说："大多数从训练营毕业的人回到了他们的岗位上。确实有些人想成为非常高级的数据科学家，当然，我们不想剥夺他们的机会，而且我们在时机成熟时也的确给了他们这样的机会。但是绝大多数人选择留在自己的岗位上，进而努力实现升职。"

许多公司通过应用人工智能成为倍增型企业，李维・斯特劳斯（Levi Strauss）就是其中的佼佼者，这方面内容我们将在后文进行更加详细的探讨。但是，也许他们脱颖而出，在于他们强调支持企业可持续发展的等式中最重要的部分：人。[29] 虽然透明度、公平性和隐私等道德问题是关键因素，但对于经久不衰的数据战略而言，最终的考验是，它是否重视并对人类及其赖以生存的地球有益。

六、前进的最佳道路

尽管从未得到保证，合乎道德的、可持续发展的人工智能是可能实现的。从汽车和火到印刷术，就像其他所有技术一样，数据科学也是一把双刃剑，它既有可能造成破坏，也有可能带来益处。但是，当我们回顾卡蒂亚·沃尔什的观点时，人们为了更长远的经济利益将其用于积极方面的可能性就会增加："人类实际上是人工智能最重要的部分。"

那么问题来了，如果可以通过合乎道德以及可持续发展要求的方式应用人工智能，而这样做企业既负担得起，又能创造商业的倍增效应，那么为什么更多的公司没有这样做？在本书后面部分中，我们将探讨能够使你的公司或组织脱颖而出的切实可行的步骤，进而使你取得加倍的成就。

第五章

评估你的企业

作为一名数据战略顾问，我接触过许多努力将人工智能融入日常运营的公司及其领导者。对于我创立并有幸领导的人脉智囊组织的许多成员来说，情况也是如此。我们每个人都有故事，这些故事有的关于我们自己的公司，有的关于我们提供建议的人。其中一些故事经过当事人的许可被收录在本书中，而其他的因为需要保密不便在此分享。

因此，为了更好地阐明接下来四章中所包含的原则，我将分享一个虚构的故事，这个故事是关于一家公司如何成功地应用了大数据和人工智能。虽然这个故事是虚构的，但它非常典型，可以代表我多年来见证过的商业和非营利组织对大数据和人工智能应用的探索历程。

成立于21世纪初的“Octothorpe Unlimited”是一家典型的区域性初创公司，公司的目标是在全国范围内扩张。经营初期，该公司“以磅为单位”直接向餐馆和餐饮公司转售高端、高质量的特色食品。（公司的名字就来自20世纪70年代代表镑符号的单词。）该公司已经实现了大约5 000万美元的年销售额，但是，面对来自传统食品批发商日益激烈的竞争，Octothorpe的管理层意识到他们需要做出一些改变。社交媒体的兴起使他们的企业标志“#”恰巧流行了起来，这使得应用数据驱动的人工智能解决方案似乎成为正确的发展方向。但像许多其他公司一样，他们不知道从何处下手。

第一步是对公司的增长潜力和承担风险的意愿建立清晰的认知。他们的基本业务定位是保守型吗？主要目标是降低成本还是提高效率？他们下一步努力的方向是吸引新客户还是开发新产品？除了这些问题以外，他们是否愿意大胆抛弃固有的商业模式，并彻底改造成全新的商业模式？

经过密集的头脑风暴和自我反思，他们的定位变得更加清晰了。作为一家精通技术的新公司，Octothorpe的努力方向显然不是维持现状。在他们看来，虽然提升效率是件好事，但关键目标是扩大客户群体，甚至可能是开辟全新的客户类型，而不只是餐馆和餐饮业。

正如本章将展开阐述的那样，Octothorpe的商业定位是“扩张型企业”，属于四种不同类型的企业之一。这四种类型的企业都可以利用人工智能的力量来实现他们当前的目标，也可能是为了从根本上改变自身的业务类型，最终成为一个倍增型企业，并实现商业价值的指数级增长。

到此为止，你对人工智能及其相关技术的变革潜力已经有了更深入的了解。但更大的问题仍然存在：“我可以做什么？我们公司不是网飞，我也不是里德·黑斯廷斯！我如何从现在就开始应用人工智能？需要做的事情太多了！我该从哪里开始呢？”

你会产生这些问题是情有可原的。正如我们在第二章中提到过的，人们对人工智能有许多普遍的误解，还存在着恐惧心理和不确定性。即使你对人工智能已经有了更加深入的了解，或者已经从前面的例子中得到了启发，你的同事和员工可能还需要被进一步说服。

本章（以及接下来的三章）将详细介绍，成功地应用人工智能和大数据所需的阶段和步骤。作为参考，这些阶段包括以下几方面。

- 作出评估。找出你的业务内在的增长和创新潜力，以及数据驱动战略对每一类业务的潜在益处。
- 制定框架。了解和评估公司的组织成熟度和内部能力，这些因素决定了公司整体的数据准备程度。
- 优先事项。选择并专注于具有最高潜在商业价值的目标，这个目标要可以通过人工智能及其相关技术实现。

- 衡量结果。不仅要追踪数据科学的结果，还要追踪数据驱动的项目所带来的业务变化，以确保这些项目获得超越实现当前目标所需的支持，并且能够改变业务本身。

在整个过程中，重要的是要记住，数据科学只是一门科学，一门使用经验方法、流程和系统从结构化和非结构化数据中获取信息的科学。正如我们在第四章中讨论过的，数据科学是把双刃剑，但它本身并没有自己的思想。它也不是大型企业的专属领域，本书的目的就是帮助你证明，几乎任何人都可以有效地利用人工智能来取得显著的成果。

一、增长评估

这个过程的第一个阶段是了解你的企业目前的增长潜力。当然，有很多方法可以实现这一点。大多数企业高管都会定期进行评估，这里展示的商业模式画布就是一种常用的评估工具（见图 5.1）。

这种“愿景板”的方法描绘了一幅全景图，通过这幅全景图，公司希望在一年、五年或更长时间内成为什么样子都一目了然。然而，它远不止是一个评估商业模式的工具。它还描绘了一个连贯的总体业务战略，其中包括有可能遇到的取舍和权衡。正如我们即将讨论的，它也可以为支持业务发展战略的数据驱动方案提供信息支持。

例如，在 1999 年，网飞的价值定位包括向电影和电视观众提供无时间限制的以 DVD 为主的租赁服务。

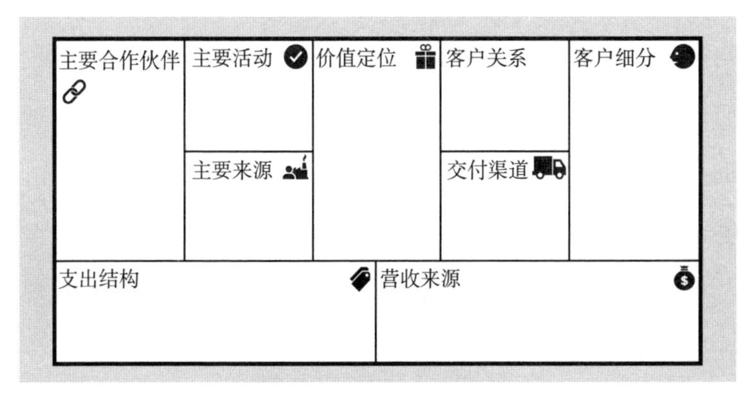

图 5.1　传统的商业模式画布

注：企业增长计划通常从基本的价值定位开始，然后再确定目标客户群体、交付渠道和营收来源。计划会随着时间的推移而演变，但最终这个计划的所有方面都将决定一个公司的数据驱动方案。
资料来源：由 Strategyzer AG 设计，创作共用许可 CC BY-SA 3.0。

网飞的 DVD 租赁没有到期日，也没有滞纳金。这种服务模式决定了货物的交付方式是在线订购和送货上门，继而提供了一个稳定的、基于用户订阅的收入来源。

但是，这种商业模式很容易受到竞争的冲击。更重要的是，网飞试图了解客户需求，这使其价值定位转向了内容推荐，而内容推荐需要对大数据进行复杂的分析。这促使该公司的渠道战略转向了流媒体内容，这一步调整甚至发生在流媒体基础设施能够完成任务之前。渠道战略的调整很快带来了订阅收入的增加，并最终开启了新的关键活动，也就是网飞基于其内容推荐数据创作原创内容。

在大数据和人工智能的帮助下，企业增长计划能够确定提高效率和降低成本的方法，是一种价值极高的评估手段。它还可以帮助企业发现新的资源或合作伙伴。它甚至可以帮助企业开发潜在的新产品或者开辟全新的突破性商业模式，甚至彻底重塑你的企业。

但在你能够取得这些成就之前，你需要知道你的企业现在处于什么位置。

二、目标评估

即使没有上述的商业模式画布，大多数领导者也会对公司的基本价值定位及其影响有一些概念。但是，进行增长评估也促使我们去审视，我们现在是什么类型的公司，以及更重要的是，我们想成为什么类型的公司。

要想评估你的企业及其应用大数据和人工智能的最佳方法，下一个步骤可以归结为两个重要方面。

- 一方面是，你是否愿意创新和承担风险，甚至放弃固有的商业模式和以往的惯例，去创造全新的商业模式。
- 另一方面是，你的企业所在的市场或服务领域，其未来的增长潜力。

这些是我们在第一章中所讨论过的商业模式的基础。当然，每个企业的情况都不同。但确定你的企业目前所处的位置并不困难。像前四章中所描述的那些公司显然属于倍增型企业。这些公司为创新做好了充分的准备，积极承担风险，甚至愿意改变规则来实现发展的潜力，这些内容我们将在本章后面的部分进一步探讨。但是，这对其他类型的企业有什么意义呢？必须成为倍增型企业才能有效地使用人工智能和大数据吗？正如我们将在接下来的几章中看到的那样，答案当然是否定的。

无论你的公司创新水平如何、是否锐意进取，人工智能和大数据都有巨大的潜在利益，可以引导你的公司实现更高水平的增长和创新。

有效利用数据可能会使你的公司成为一个倍增型企业，实现发展速度和商业价值成倍增加，而并非只有倍增型企业才能够有效利用数据。事实上，在其自身组织结构的框架内应用人工智能的公司，更有可能实现变革和成长。通过有目的性地跟随数据的指引，利用人工智能和相关支持技术，这些公司可能一开始属于其他类型，但最终会成为倍增型企业。诚然，它们必须做出改变，改变固有的商业模式。但在这样做的过程中，这些公司也会取得超出预期的商业成就。在描述这四个象限，以及位于不同象限中的公司如何从人工智能中受益之前，我们需要了解决定它们的向量，也就是创新能力、风险承担能力以及增长潜力。

三、创新的动力

创新看起来似乎是一个主观的概念，但我们可以用一些方法客观地看待它。2006 年的一份报告描述了创新和企业业绩之间可衡量的关系，包括销售增长、市场份额以及盈利能力。[1]

这份报告对制造业和服务业的公司进行了调查，结果显示，对最终产品、生产流程或两者进行了创新的公司会取得积极的成果。

美国肯尼索州立大学的一份报告将创新定义为“当管理

层愿意改变公司的商业模式以实践新想法时发生的事情”，在准备创新的时候，这些公司管理层认为实践新想法的时机已经成熟了。[2] 报告发现，创新驱动型公司具有以下共同的特点。

- 首席执行官和其他高管的高度参与，这样能推动创新举措的实施。
- 奖励和鼓励创新文化的激励措施、雇佣政策以及预算分配。
- 进行开放的沟通，减少员工对承担风险的恐惧。
- 可靠的衡量标准，不仅要能够说明发生了什么、为什么会发生这些事情，而且还要能够预测未来将发生什么，以及怎样才有可能取得好的结果。

其他商业书籍往往聚焦于前面的创新指标上，比如高管的领导力、激励措施、人才招聘、预算以及开放的沟通，关注这些方面没有什么问题。但是，虽然前面的创新指标都很重要，最后一个因素“可靠的衡量标准”却对应用大数据和人工智能有着特别意义。通过以可靠、有意义的方式应用和衡量这些技术，公司和非营利组织正在激发其创新潜力。

最后，一个公司承担风险的意愿与其产品和流程创新能力直接相关。无论这种创新是颠覆性的还是渐进性的，如果一个公司或非营利组织不愿意挑战“我们一直以来秉持的做事方式”，那么它很可能要承担相应的后果。让我们回顾一下柯达公司的命运，它曾经是一家以创新性强著称的公司，我们在第三章中讨论过这家公司。

将柯达规避风险的做法与其竞争对手美国施乐公司（Xerox）进行对比，就会发现施乐公司在服务方面的创新使其免于遭受柯达的厄运。[3]这两家公司的发展历程证明了一个真理：“创新是有风险的，但真正有风险的是拒绝创新。”[4]

幸运的是，一家公司创新意愿的水平高低并不会妨碍它应用人工智能和大数据，正如我们将看到的那样。然而，从长远来看，创新永远是那些擅长使用数据来使其商业价值长期倍增的公司的标志。

四、真实的和想象中的发展限制

用于确定一个公司在四象限中位置的第二个向量是其增长潜力。与创新一样，增长潜力也是一个难以捉摸的概念。也许对一个公司的产品或服务的需求真的已经达到了顶峰，而且根本没有新的市场可以开拓。如果一家公司只专注于生产马车鞭子或传真机，或者提供类似的过时服务，那么它的增长潜力显然为零。当一些公司所在市场领域真的达到饱和或产品需求停滞不前时，它们不会持续太久。它们会歇业，被收购，或者（在最好的情况下）被改造成其他公司。这就是为什么有必要不断地评估思想数据和指标，以期发现哪里需要进行改变。

问题是，不能发现新机会的人总是会在脑海中对公司增长设限。就像规避风险阻碍了创新一样，狭隘的思维限制了公司超越现有模式的增长能力。

虽然增长潜力往往与推出新产品的创意有关，但还有其他方法可以激发公司的增长潜力并推动其业务扩张。[5] 这些方法包括以下几方面。

- 通过并购或合作获得新的业务能力。虽然不像发明最新的颠覆性技术那样令人向往，但并购也是公司发展的一个有效途径。如今，人工智能也常常被用来优化并购决策。
- 开发新的生产流程，以更高的利润率提供相同的产品或服务。这往往涉及削减生产成本，提高自动化效率，以及其他由人工智能和机器人技术带来的改进。
- 获取新客户，通过使用大数据和人工智能为现有产品和服务制定与顾客的偏好和购买行为实际相关的营销方案和销售“漏斗”策略。当然，不使用人工智能也可以制定客户获取计划，只是这样做很难成功。（市场营销部门和机构充斥着 SEO、品牌推广和顾客忠诚度提高的活动，但这些活动更多的是依靠直觉而非数据科学。）

- 利用新的渠道来销售或分销你的产品。谈到数字商务，公司没有必要一切从头开始，因为已经有许多现存的电子商务自动化的方法可以用来简化流程。当然，其中许多是由倍增型企业开发的（见下文），但这并不妨碍你使用它们。

企业发展的潜力受制于许多我们无法控制的因素，其中包括就业波动、市场条件以及其他“宏观”影响。[6]然而，为了实现发展，公司可以去做很多事情。

领导者的创新意愿和公司的发展能力决定了你的公司最符合四个象限中的哪一个类型。无论这两方面条件如何组合，都不会妨碍你成功地应用大数据和人工智能，但明确你的公司所属的类型将帮助你找到最佳的方法来做到这一点。但在你试图确定你的公司所属的类型之前，让我们总结一下这四个象限本身的特点。

五、优化型企业

任何规模和经营年限的公司都可以位于这个象限，但属于这个类型的往往是规模相对较大、经营较为成熟的公司。由于这些公司在本质上比较谨慎保守，它们往往倾向于节约成本、优化流程效率、避免潜在问题，以及保护知识产权。虽然这些做法都是良好的商业惯例，但它们也同时体现出一家公司倾向于规避风险和改变，及其对自身增长潜力有限的认知（无论事实是否如此）。

优化型企业的标志之一是削减成本，而这种做法不是不可能造成负面的长期影响。[7]一方面，如果企业的目的是保持或提高产品或服务的质量，那么削减成本显然是明智之举。（这也是通过人工智能算法利用客户和服务数据的绝佳机会。）然而，降低成本（尤其是削减劳动力）往往是出于短期资产负债表的原因，这样做最终有可能造成灾难性的后果。因为员工对公司发展的前景信心下降，最终会导致客户的信任度和忠诚度下降，而由此导致的损失会远远超过眼前节约的开支。具有讽刺意味的是，正确应用大数据和人工智能本可以预测到这样的结果，并指导公司做出不同的决策来削减成本。另一方面，对于优化型企业来说，好消息是，人工智能在提高运营效率、改进客户服务以及其他方面非常有作用，因此这些发展潜力有限、创新和冒险意愿不强的企业就可以从这些方面着手行动。

人工智能究竟如何推动优化型企业发展？例如，它可以通过利用企业的现有数据，比如客户偏好、客户购买行为和公司为客户提供服务的历史记录来做到这一点。人工智能和大数据可以降低运营成本、减少决策错误、提高客户忠诚度，并且最大限度地减少甚至完全消除财务下滑。假以时日，人工智能和大数据还可能引导企业实现新的商业机会或产品理念，最终将其升级至扩张型企业或创新型企业的类别。它甚至可能引导企业成为一家与众不同的公司，能够实现成倍的价值增长和创新。

六、扩张型企业

在市场上，潜在的发展机会显而易见，但企业对风险或变革持谨慎态度，扩张型策略是非常普遍的。这类企业已经拥有了可靠的制造技术或服务方法，在其现有领域已经取得了成功。扩张型企业与优化型企业的区别在于，扩张型企业有一种强烈的愿望和使命，那就是发展，它们要征服新的世界，只要新的世界看起来与当前的世界很相似。

到目前为止，为了实现这种发展最常用方法是并购，包括并购竞争对手的公司，以及那些产品或服务可能与其自身的产品或服务相似的公司。并购有时被称为无机发展，这种发展方式与本章后面将要讨论的有机发展不同，后者主要通过创新和产品开发来实现。对于扩张型企业而言，关键的目标，也就是更大的市场份额，只是通过获得被收购的竞争对手的客户，并以新的品牌向这些新客户销售相同的产品或服务来实现。

如果被收购的公司恰好更愿意承担风险和推出新产品，那么收购方公司就可能获得作为创新型企业的好处（见下文），而无须承担相关风险。

然而，通过并购实现企业发展也可能潜藏着风险。哈佛商学院定义了四个主要的风险因素，包括缺少严格评估、超额支付、对拟议合并价值的错误判断，以及在整合业务和公司文化时遇到的无法预料的困难。[8] 2016 年一项针对高级财务专业人士的调查显示，在导致公司财务损失的 15 个值得担忧的原因中，对被收购公司实际价值及其运营情况的错误评估位列榜首。[9]

在这里，应用人工智能可以带来巨大的好处。在考虑合并（将两家公司合并成一个新的企业）或收购时，双方公司都有大量的数据可用，其中包括结构化数据（比如电子表格和数据库）和非结构化数据，而并购的团队通常更关注前者。过去 10 年的营收是多少？同期的成本是多少？在一段时间内每个产品种类或服务类别是如何增长或下降的？

这样的结构化数据可以提供被收购公司的基本“框架

图”，但也是仅此而已。很多时候，关于公司真实价值和运营情况缺失的细节，是由负责人或其顾问的经验或“直觉”来填补的。这种方法常用但不科学，往往会导致对被收购企业的估值过高或遗漏重要的商业缺陷，最终导致糟糕的结果。

2003 年，《哈佛商业评论》的一篇文章提到，依赖直觉表面上看起来很有必要，因为数据量迅速增加，但可以用来分析数据的时间却越来越少。[10] 然而，这篇文章还指出，我们称为直觉的潜意识思维过程可能存在致命的缺陷。所谓的直觉会受到确认偏差（偏向于支持我们已经相信的证据）、沉没成本误区、框架效应以及其他认知偏差的影响，诺贝尔奖得主丹尼尔·卡尼曼（Daniel Kahneman）在他的里程碑式著作《思考，快与慢》（*Thinking，Fast and Slow*）中阐释过这些概念。[11]

《哈佛商业评论》的这篇文章提出了一个更好的解决方案：

> 技术可能是关键所在。现在正在开发的精密的计算机程序，可以补充和提高人们的决策能力。许多新的决策支持工具仍处于早期开发阶段，尚未被应用于战略性商业决策。但是，它们在帮助企业高管进行决策或解决问题的两个关键部分有着巨大的潜力：寻找并评估可用的解决方案，以从中选择最佳的一个或几个。情况越复杂、变化越快，寻找和评估解决方案的过程就越有挑战性。通过扩展

思维的分析能力和直觉能力，新的程序能够更快地、更全面地、更严谨地探索备选方案。

这一观察结果清晰地展现出一个数据驱动的过程，这个过程只能通过人工智能和机器学习来完成。就并购而言，人工智能对非结构化数据的正确分析将帮助决策者更好地掌握潜在收购的真实价值，甚至为企业未来的业绩潜力提供可靠的预测。

如今，大数据和人工智能正在成为企业并购过程中不可或缺的一部分。澳大利亚毕马威的一份报告显示，客户越来越倾向采用定量的预测分析，而非定性的分析来支撑他们的价值判定。[12] 对于处于评估调查阶段的企业代理人而言，事实证明人工智能是一种能够节约成本的利器，应用人工智能可以加速审查过程，并且更好地确定预算。[13]

扩张型企业的另一个特点是强调加大营销力度，无论是对其现有产品或服务，还是对任何被收购企业的产品或服务都是如此。为大量不同的产品创造一个令人印象深刻的品牌信息总是很困难的，但为了保持和增加公司的市场份额和收入，这一点至关重要。处于这个象限的公司可能没有强烈的创新欲望，但他们也的确明白，获取新客户、留住老客户、转化客户和提高客户的品牌忠诚度是成功的关键。

当然，营销活动可以采取多种形式。对许多公司而言，现如今的营销环境包含了太多的沟通形式。曾经相对简单地在出版物、广播媒体、招牌标语或店内展示上做广告的任务，如今演变成了一系列令人困惑的媒体渠道。这些媒体渠道包括总是需要新鲜内容的网站、无休止的社交媒体讯息、调查以及与客户直接进行在线互动。最重要的是来自所有这些渠道的无穷无尽的非结构化数据流。

最后一句话会给你一个提示，启发你扩张型企业及其营销活动可能采取的解决方案。通过有效利用人工智能和大数据，公司可以找到有意义的模式，而这些模式都是人工无法检测出的。了解这些潜在客户的行为模式，将有助于决定哪些渠道和内容能最有效地获得关注、激起客户兴趣和欲望，并促使公司决策者采取有意义的行动。

营销活动本身也有其风险，[14] 包括品牌知名度的下降，错误的产品开发方向，以及未能预测实际需求。西伦敦大学的一项研究发现，市场营销与消费者信任度之间存在着直接关系。[15] 这项研究还发现了购买决策和网络供应商承担的风险之间的关系。显然，除了公司现有的客户数据之外，公司的所有举措都是潜在的数据来源，而这些就是应用人工智能的沃土。

如果恰当地使用现有数据，所有风险因素都是可以被预测和避免的。通过正确地应用人工智能，扩张型企业更有可能成功处理并购和营销工作。

七、创新型企业

我们要探讨的下一个象限是创新型企业，包括那些勇于承担风险的公司，它们的发展潜力尚不明显，至少对外界来说是如此。创新型企业的典型例子包括科技初创公司和几乎所有类型和规模的创业公司，当然这也许只是一种刻板印象。（创新型企业还包括“内部创业者”，也就是那些在大型公司内部进行创新的个人和团体。）创新型企业还包括传统的服务供应商和制造商，他们希望超越公司现有的产品，扩大他们的客户群基础。创新型企业的主要特征是，甚至在他们关于产品或服务的远大设想被证明是成功的之前，他们就已经怀揣野心、远见和把事情做得更好的愿望了。

创新型策略几乎总是涉及研发。新产品或新服务必须先进行规划、设计以及测试，而这些方面是应用人工智能和大数据的潜在沃土。通过分析消费者行为和其他因素的相关非结构化数据，人工智能可以用更可靠的方式预测满足人们需求的产品和服务类型，为产品开发者和设计者提供信息，并且为产品测试和后续推广提供有效标准。

人工智能和大数据已经成为制药公司产品研发的重要因素，它们不仅有助于产品设计规范，还有助于管理临床试验、参与者识别以及减少剂量误差。[16]

人工智能和大数据的应用也在工业制造领域兴起，它们可以更客观地识别用户需求，更好地探索市场趋势，以及提高产品设计效率。[17] 所有这些都指向一个更长远的趋势：“作为一种新的通用的‘发明方法’，（人工智能）可以重塑创新过程和研发组织的性质，因而可能会对经济产生更深远的影响。”[18]

因此，对于专注于积极研发的创新型企业而言，人工智能和大数据必不可少。即使是在 IT 方面预算较少的公司也能从新兴的第三方工具中受益，这些工具将帮助他们准确地量化客户需求，并且确定、创造和测试由此产生的产品和服务。

创新型企业的另一个主要特点是它们同样积极地追求顶尖人才，这本就是一项艰巨的任务，而新型冠状病毒感染疫情大流行的干扰使这一任务变得更加艰巨。在一个面向有技能员工的全球化“卖方市场”中，企业往往很难招募到开发和推广其新产品和新服务所需的人才。这又是一个企业应用大数据和人工智能的绝佳机会。

人工智能在如今的招聘实践中的作用是公认的，尽管有时存在争议。[19] 正如我们在第四章中讨论过的，人工智能算法中可能存在着人为因素导致的偏见，特别是当数据集不能代表整个人口群体，或是数据集中包含容易被误解的因素时。2018 年，有一个引起大众关注的案例是亚马逊不得不停用其人工智能招聘系统，因为该公司无法阻止人工智能招聘工具对女性的歧视。[20]

这就导致一些分析人士宣称，预测型人工智能的发展有可能停滞不前，因为它们都是基于不完整的或是带有偏见的数据集。

像往常一样，现实世界的情况更加复杂。人工智能无疑减少了整理简历所需的时间，这使人力资源专员可以专注于要求更高的复杂工作。但是，目前用于招聘的人工智能系统很容易受到人类偏见的影响，候选人也很容易通过使用已知的关键词来“愚弄”系统。《福布斯》杂志最近的一篇文章权衡了人工智能招聘系统的利弊，最终得出的结论是要求人力资源和 IT 部门承担起超越最低合规要求的责任，也就是监测整个招聘过程中潜在的偏见。[21]

然而，如果使用得当，人工智能可以识别出传统招聘方式可能遗漏的候选人。[22] 作为招聘人员寻找具有非传统技能和经验的人才的辅助工具，人工智能的这种功能可能正是创新型企业寻找和雇用下一个非典型企业新星所需要的。

八、倍增型企业

当一家企业或非营利组织知道自身真正的增长潜力，并且为创新和承担风险做好了充分准备以实现这种潜力时，它就会愿意打破规则。符合这种标准的公司在第一章至第四章中已经有充分的描述了，所以在这里没有必要再赘述。

成为倍增型企业并非要侵犯个人权利、挑战道德规范，或是为了攫取经济利益不公平地剥削他人。我所说的打破规则是指愿意挑战现状，摒弃旧的模式和做法，彻底转变你的商业模式。成为倍增型企业并非一朝一夕就可以做到，你也不能用倍增型企业的标签掩饰鲁莽或破坏性的商业行为。然而，一旦你抱着创新和发展的心态，应用大数据和人工智能将会是一个完美的选择。

这需要一定程度的胆识。早在流媒体服务实际应用之前，网飞就决定完全放弃其 DVD 租赁模式，转而拥抱流媒体服务的时代。从公关的角度来看，网飞当时的客户反馈数据是糟糕的。但网飞没有以传统的公关方式来处理这些数据，而是接受了这些数据，并利用它们来转变自身的商业模式。Coda 咖啡过去和现在都致力坚持公平贸易的道德原则，虽然这在提高产品质量方面有一定局限性。但其愿意在人工智能和技术方面冒险，这为实现业务转变提供了一条途径。

将胆识和数据科学进行正确的结合，你的企业也可以成为倍增型企业。

一旦你评估了自身企业的核心性质，你就可以进入下一个阶段了，也就是了解你的公司的“数据准备”能力，这是下一章的主题。

第六章

数据准备要素

我们虚构的公司 Octothorpe Unlimited 已经取得了一定程度的成功，公司向餐馆和餐饮公司转售高端食品，但公司的发展并不显著，而且容易受到竞争的影响。该公司的首席执行官知道这一切，并且对应用数据和技术释放其公司的潜力充满热情。很明显，有高管的支持是公司“数据准备”的一个关键因素。但仅仅有这种热情是不够的。

对于一家新公司而言，Octothorpe 的组织成熟度高于平均水平。其管理者知道，有了正确的数据，他们将清楚地知道他们当前和未来潜在的客户需要什么，以及如何更高效地提供这些产品。该公司也开始采取全面的数据管理方法，将订单和服务电话中的反馈和偏好添加到每个客户的档案中。早些时候，他们为自己的数据创建了云存储账户，并开始使用各种云服务来订购产品和开具发票。

公司整体的数据素养高于平均水平，尤其是其数字营销和 IT 人员，他们都愿意与战略伙伴合作。总的来说，该公司正在顺利成为一家数据驱动型企业。

本章阐述了公司数据准备方面的两大支柱，也就是公司应用人工智能及其相关技术以及从中获得巨大利益的能力。第一个支柱是组织成熟度，这涉及公司的战略和运营优势及其数据管理的标准。第二个支柱是内部能力，这涉及公司内部应用数据的能力，以及创建可扩展的转换数据解决方案的准备情况。虽然没有任何企业可以立即蜕变为对应用数据得心应手的商业明星，但本章将可以作为路线图，指引你更有效地利用数据和人工智能。

当你确定好了公司的商业准备情况，也就是公司拥有的或期望的发展和创新潜力，你就必须揭示你的公司或非营利组织的数据准备情况了。人工智能可能并不可怕，也不是带有恶意的，但是应用起来仍然不容易。

首先，要明确你的企业是否准备好采用数据驱动战略，你必须真正拥有可靠的相关数据来源，既包括结构化，也包括非结构化的数据源。好消息是，大多数公司拥有（或至少有机会获得）它们所需的数据，无论它们自己是否明白这一点。

一、数据基础

许多组织对它们拥有的数据究竟是什么，以及它们有哪些收集数据的来源，都只有一个模糊的概念。有能力的 IT 部门自然会牢牢掌握其结构化的事务性数据，但这些数据往往分散在不同的数据库中，并且各部门的数据往往互不相通。

难点在于如何将这些分散的数据视为一个整体，以及如何将非结构化数据纳入其中。

现在有越来越多的方法来收集更多数据，尤其是非结构化的数据。[1] 传统的主动数据采集只是一种简单的数据采集过程。按照难度递增的顺序，数据采集的方法包括调查、问卷、消费者小组研究和访谈。如果问题设计得好，调查也可以提供大量的结构化数据。目前流行的主动数据收集形式包括从社交媒体和其他来源收集非结构化数据（文本、图像和视频）。这种方法被称为“社交倾听”或“社交情感分析”，它会利用 NLP 等人工智能程序来解析大量的数据，以确定目标主题的更深层次的背景和意义。由此，人工智能成为一个沉默的倾听者，分析行为和趋势。

另一个数据来源是被动或基于权限的数据收集。客户服务的录音或短信是收集这类数据的丰富宝库，前提是使用人工智能对其进行处理以获得重要的意义和趋势。电子商务活动是另一个例子，如果能够得到用户的同意，从浏览记录、购买决定、地理位置、产品推荐和产品评论（包括正面和负面）中都可以收集到有意义的数据。

与电子商务直接相关的是客户忠诚度计划，最好是与客户的订购体验相结合的计划。通过提供折扣和特价商品，这样的项目可以创造出大量有价值的商业数据。但是对这类项目必须特别小心，不仅要确保数据安全，而且要确保客户的隐私不被侵犯，即使是暗示客户可能涉及隐私也不行。

21 世纪初，数据专家安德鲁·波尔（Andrew Pole）为塔吉特（Target）零售连锁店设计了一个预测模型。根据顾客个人的购买模式，甚至在一个女人知道自己怀孕之前，该模型就可以确定这个女人怀孕的时间。

由于该公司能够定制其印刷品和在线促销活动，波尔的数据模型使其能够展示准妈妈们最感兴趣的产品。然而，该公司也意识到，了解一个女人的生育计划也会“令人毛骨悚然”。所以，它明智地避免了只为这些母婴产品做广告。[2]

第三个数据来源是公共数据收集。这可能就像访问公共记录、文件或数据库（如 Data.gov）一样简单。但需要注意的是，它们的内容往往很笼统，而且可能已经过时了。

其他表面上的公共数据源包括社交媒体网站，这些网站可以提供帖子、评论、图片以及视频，收集这些内容都属于上述的主动数据收集中的社交倾听形式。然而，这些数据通常由平台所有者控制，以获得明确的商业利益。虽然第三方有办法为付费收集并且使用这些数据，但这个过程必须非常谨慎。随着隐私问题给社交媒体带来持续增长的抵制情绪，许多公司开始逐渐采用基于用户授权的数据收集方法。[3]

除此之外，人工智能和机器学习可以利用的另一个数据来源是相对近期才出现的合成数据，根据高德纳咨询公司（Gartner Group）的数据，[4] 到 2024 年，人工智能开发中使用的合成数据将占到 60% 的比例。埃森哲的数据科学和机器学习工程负责人费尔南多·卢奇尼（Fernando Lucini），在 2021 年发表在《麻省理工学院斯隆管理评论》的一篇文章中阐释了这个看似矛盾的概念。

> 合成数据是由经过真实数据集训练的人工智能算法人为生成的。它具有与原始数据相同的预测能力，但它取代了原始数据，而非伪装成或修改原始数据。这样做目的是通过对现有数据集的概率分布建模和抽样，来再现其统计属性和模式。该算法本质上是创建具有与原始数据相同的特征的新数据，从而得到相同的结果。

然而，关键的是，从算法或它生成的合成数据中重建原始数据（比如个人身份信息）几乎是不可能的。[5]

这对人工智能项目来说是一个潜在的福音，因为它取代了个人医疗记录或是财务信息等隐私数据，消除了匿名化的需要。然而，正如卢奇尼所提示的那样，这还远远不够完美。

我们只是刚刚开始创建我们所需的工具、框架和指标，进而才能评估和“保证”我们合成的数据具有充分的准确性。要想通过一个被大家都接受和信任的标准流程生成准确的合成数据，采用一种流程化的、可重复的方法至关重要。

保护隐私与追求效用之间的争论也还没有解决。为 2022 年 USENIX 安全研讨会准备的一项研究报告得出的结论是：“合成数据还远远不能算作数据发布过程中保护隐私的终极法宝。”[6]

二、数据准备框架

在第五章中，我们讨论了评估企业发展和创新潜力的方法。由此产生的商业模式画布通常已经简要包含了公司近期和长期的业务目标。一旦完成了这一点，并且建立了充足的数据来源，下一步就是将这两者联系起来。这并非一个“一劳永逸”的过程。每一个以数据为中心的战略和项目，都应该根据公司的组织成熟度，以及在数据使用方面的内在能力进行彻底评估（见图 6.1）。你可以将这两点视为支撑公司实现指数级业务增长目标的两大支柱。

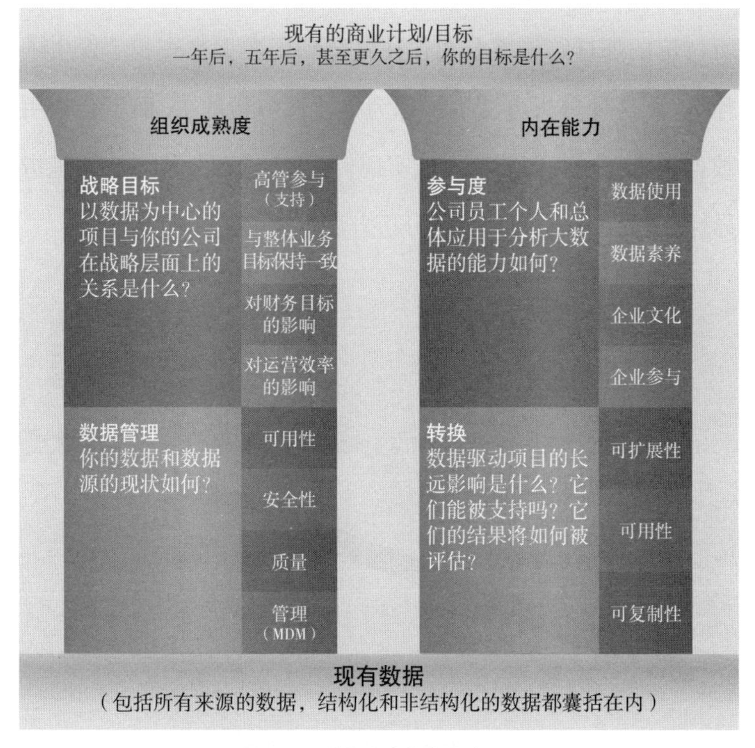

图 6.1 数据准备框架的力量

企业必须同时具备一定程度的组织成熟度和内在能力，以便充分利用数据和人工智能来支持既定的业务目标。

三、组织成熟度和战略目标

在一家公司能够解决大数据和人工智能的技术问题之前，其领导层必须采取不同的思维方式（见图 6.2）。正如第二章所讨论的那样，许多公司往往只会利用数据来查找“发生了什么”（这种分析方法也被称为描述性分析法），而不会利用数据来研究“我们如何才能实现目标”（这种分析方法才是指导性分析法）。这两种数据分析方法存在着重要的差异。

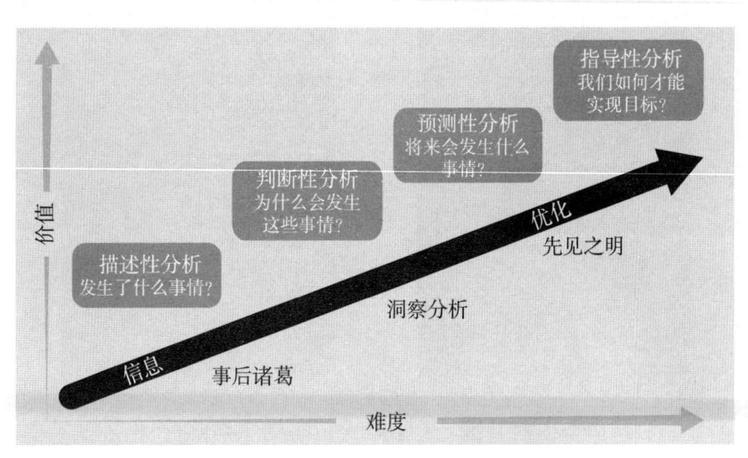

图 6.2　高德纳的分析价值升级模型

注：2013 年，高德纳公司将大数据和分析方法区分成了四个不同的层次。[7]

这种前瞻性的思维方式不是一朝一夕就能形成的，因此，最可能获得支持的方法就是提出一些基本的问题[①]。

- 高管们是否认同以数据为中心的战略具有长期价值？
- 数据战略是否与公司的整体业务目标相一致？
- 以数据为中心的项目是否会对公司未来的财务情况造成直接影响？
- 数据是否被用于提高运营效率？

高管参与。技术领导者早已明白来自公司高管的支持非常重要，以及如何最好地获得这种支持。[8]获得高管支持的方法包括展示技术可以如何支持决策者的战略目标和价值观。

但由于我们对人工智能和大数据的误解根深蒂固，获得高管和部门的支持仍然是大规模实施此类计划的最大障碍。

这里所说的支持不只是口头层面的支持，或者只是认可本书前四章中所阐述的案例。

高级管理人员的认同必须基于与公司业务目标的一致性，包括获得更多的经济收益、在节省成本的同时提高运营效率，

① 这些都属于只需要回答“是”或者“否”的问题。然而，正如我在许多咨询工作中所经历过的那样，这些问题将不可避免地引发长时间的讨论和大量的自我反思。

或两者兼而有之。有远见的 CEO 还会考虑公司对数据的使用是否合乎道德和可持续发展，因为这将最终影响他们的经济收益。我们来讨论一个假设的例子：

一家零售银行的 CEO 想吸引当地社区的更多人申请信贷。银行可以随时获得申请人的信用记录和其他来源的描述性分析，但他们对一些方面的问题了解还不够，比如潜在客户、客户的购买习惯、他们为什么需要信贷以及他们是否会以积极、负责任和可持续的方式使用信贷。因此，该银行的外联工作主要靠碰运气。

有一次，一位数据专家提出了一个方案，可以按照邮编收集和分析各种来源的消费者数据，这样做的目的是建立客户档案，银行进而可以为其量身定制相应的服务。

显然，这样的项目与银行的总体目标是一致的，也就是吸引更多符合标准的信贷申请人。但要获得 CEO 的认同（以及预算批准），这样的方案还不够。例如，收集的客户数据必须能够支持以下目标：

- 一个可验证的预测模型，其中包括符合标准的新申请人的预计数量，以及他们能对银行的财务目标做出多少贡献。

- 缩短或简化这些人的信贷申请程序，以提高银行的运营效率并降低成本。
- 积极的投资回报率，能够展示出项目对财务方面可以核实的影响。
- 避免数据中潜在的偏见，以防出于性别或种族的原因拒绝客户的信贷申请。

这种情况可能在无数其他类型的企业中出现，不管它属于哪个象限。当然，有些公司需要更多的概念验证或试验项目，但只要数据的使用能够明确支持这些目标，就有可能获得高管的支持。

一致性。一旦获得了公司高层的认同，下一个挑战就是重新调整技术方面领导层的思维。公司的首席技术官和IT经理通常都很出色，而且非常专业。他们不太可能相信围绕人工智能和大数据流行的说法，而他们应用数据的习惯可能并不利于推行颠覆性的新方法。

公司内部的技术领导人与数据项目所针对的客户和员工之间，往往存在着脱节现象。很多时候，技术领导者会构建通用的应用程序，或者重新设计整个系统，而忽略了他们的组成部分。由此导致的意见不被采纳，通常意味着结果没有被充分衡量或与任何战略目标保持一致。

大公司的 IT 部门往往倾向于关注历史交易记录。毕竟，追踪哪些产品或服务已经售出，它们在哪里售出，还剩多少库存，以及其他无数的财务数据，是现代商业的重要方面。但一个公司在 IT 方面的固有习惯往往使其很难以新的方式利用数据。

数据科学家温迪·劳海德（Wendy Lawhead）在汽车零部件零售商（AutoZone）工作时就经历过这种现象。她说："当时他们有 4 000 多家门店，知道在全国的特定地区卖什么零件，但他们不清楚客户的购买模式或偏好，他们甚至没有任何奖励积分计划。所以我告诉品类经理，'除非你真的清楚你的客户是谁，否则你实际上并不知道该把什么放在货架上'。"在应用了聚类分析法和预测性分析法后，该公司开始在特定的商店推出产品，因为他们知道这些产品会引起顾客的共鸣。该公司现在在全球拥有超过 6 400 家连锁店。

经济目标和效率。收入增长或成本节约可能是公司追求数据驱动战略的强大动力。然而，仅凭过去的财务交易数据还不够，这些财务交易数据必须与客户或其他组成部分的行为数据联系起来。这可能直接依赖于客户登录的电子商务或客户服务应用程序的数据，或者依赖于从典型消费者使用的社交媒体应用程序以及网站中收集到的更多非结构化数据。通过评估特定类别产品或服务受欢迎的程度，公司可以预测潜在的经济利益。

组织成熟的过程不会在一夜之间完成。但是，无论属于第五章中讨论过的哪一个象限，一旦一家公司成功地开展了与其目标一致的数据驱动项目，就更有可能在更大的范围内接纳人工智能和大数据。无论是用这些数据提高运营效率（优化型战略），还是为新产品开发提供信息（创新型战略），公司只要在一个领域开始应用数据，就会成为在其他领域应用数据的基础。

人工智能软件开发商 RChili 就是一个引人注目的例子，尽管事实有点讽刺性。

该公司成立于 2010 年，使用人工智能框架、自然语言处理系统和机器学习来快速自动分析多语言简历和其他非结构化数据，输入与招聘人员相关的 140 多个字段的数据。

据首席执行官维奈·乔哈尔（Vinay Johar）称，RChilli 的软件能够有效地将整理候选人简历这样的烦琐环节自动化，这使其招聘人员的效率提高了 62%。这个招聘软件还包括了过滤隐性偏见的机制，并更新了其解析器以符合严格的欧洲隐私要求。因此，全球范围内众多的人力资源部门、多个招聘网站和ERP系统已经广泛采用了RChilli的招聘软件。

但最近，该公司还发现，人工智能的商业价值并不局限于其自身的产品。

最初，公司的营销重点是通过传统方式确定的，也就是凭直觉预测哪些行业和地理区域最有可能采用其简历分析技术。但很明显，有一种更准确的、以数据为中心的方法来预测和确定哪些地理区域最有可能采用他们的产品。乔哈尔说："我们的系统每年处理近43亿份文件，我们的日志文件会记录下这些文件来自哪些地理区域。这足以让我们了解这个行业正在发生什么。根据这些信息，我们可以决定在哪些地区扩张。"

该公司将此类信息与其他数据集相结合，包括关于就业市场趋势和客户分销成功率的公共数据，这些做法取得了显著的效果。例如，他们知道，中国或中东地区对OLED（有机发光二极管）制造中某套技能的需求正在增加。由此，他们就会知道哪些公司将需要更有效的招聘工具。乔哈尔称，通过这一过程，RChilli公司已经能够将其销售周期缩短42%。

即使高层明显非常支持数据驱动的方法，但RChilli公司并不总是采用这种方法提高销售业绩。他说："在某一时刻，我们会说，‘这是我们的收入，这些技术成本高昂，并不能带来很多利润，但任务已经完成了。这就是整个运算过程’。”但随后他们开始设置以数据为中心的关键绩效指标（KPI），每 7 到 15 天追踪一次结果。

从谷歌表格等简单的工具开始，该公司为绩效相关的数据开发了一个独立的表格。

乔哈尔说：“这是一场企业文化的变革，花了将近 8 个月的时间才完成。”他指出，广泛应用数据产生了“飞轮”效应，这不仅对销售效率有影响，对公司的企业文化本身也有影响。“当员工看到自己的 KPI 是如何被追踪时，他们就会开始表现得更像一个智囊团。这些数字并没有惹怒他们；相反，他们发现一些地方存在着分歧。所以，他们回到数据中，并且找到了消除这种分歧的方法。”

有了高层的支持和对数据使用的前瞻性态度，一个公司就可以顺利地成为一个倍增型企业。但这只是数据准备的组织架构方面的一部分。

四、组织成熟度和数据管理

组织成熟度的第二个实际方面是公司对实际数据及其来

源的管理程度。数据管理应该始终与业务战略、商业目标和优先事项联系在一起。高德纳集团最近的一篇文章指出，公司经常会围绕数据本身而非其商业价值和结果来制定应用数据的实践方案。[9]这使得我们很难与高管和其他关键人士进行有意义的交流。

你的公司如今处理数据的水平，是未来应用变革性的人工智能和大数据方案的基础。有许多辅助工具和组织工作都能够实现很好地衡量和管理数据，你可以从以下方面着手，通过询问基本的、初步的问题来开始评估组织成熟度。

- 你的数据是否在组织的各个层面都能够被访问？
- 你的数据是否安全并被妥善保护，以防止恶意或不正当使用？
- 你的数据（及其描述性元数据）的质量或可信度如何？
- 你所有的数据，都是在关键数据源上进行一致管理，还是它们是彼此独立、互不相关？

从数字信息时代开始，数据可用性的问题就一直存在，并且从那时起就成倍增长。对企业和个人团队的成员而言，如果他们不能访问这些数据，大数据的“3V”优势（数量、种类和速度）将失去意义。从磁带上读取数据的时代到今天近乎能够实时访问数据，我们已经取得了巨大进展，但即便如此，也并非所有公司都能让一个部门的员工轻松找到由另一个部门控制的相关数据。事实上，他们甚至可能不知道要寻找哪些数据，更不用说如何使用或是为什么要使用这些数据。

人工智能可以为数据的可用性问题提供解决方案。聊天机器人形式的对话式人工智能，可以让授权用户通过简单明了的语言查询访问复杂的数据库。更复杂的人工智能可以使各部门对所有公司相关的数据集建立更清晰的指示板视图。当然，这将需要个别部门发布这些信息，这一点我们将在后面讨论。

数据安全性与数据可用性密切相关。没有安全性就没有信任，最终也就不可能得到众人的支持，而来自这些人的数据对许多人工智能举措至关重要。从个人信息到专有研究，恶意或不当使用私人数据都是一个令人苦恼的、长期存在的问题，IT 安全部门和政府往往无法彻底解决这一问题。这就使得维护授权用户访问权限的系统变得越来越复杂。不幸的是，这种复杂性会阻止或妨碍一个部门的用户从另一个部门的数据中获益。像 GDPR[10] 这样的数据隐私立法是重要的第一步，但仅仅如此还不够。GDPR 规定，除非满足六种不同条件中的至少一种，包括征得当事人同意，否则不得私自处理个人数据。虽然这样的规定开始赋予个人更多的权力来保护他们的信息，但事实证明该法律很难落实。[11] 虽然每个公司都可以提高自身的数据可用性和总体安全水平，但这些问题很难通过人工解决。

如果公司认为收集到的数据不安全，或者人工智能可能是恶意软件或勒索软件攻击的幕后黑手，那么公司可能会害怕使用人工智能技术。虽然后一种情况的确发生过，但人工智能也是一种极其强大的手段，可以检测并阻止逃脱了传统杀毒软件检测的恶意软件。[12]

人工智能正在被越来越多地用于检测恶意读取或使用私人数据或敏感数据的企图。例如，大多数银行都会使用人工智能来检测异常消费行为，这些异常消费可能是数据泄露造成的。在大多数情况下，人工智能会通过人类账户持有人，学习如何更好地区分真实交易和欺诈交易。尽管这种方式很可行，但使用人工智能来保护私人数据或敏感数据，首先必须不能把数据看作一个孤立的存储库，而应将其视为一整个更大拼图中的一个连接部分。

在本章后面的部分，我们将探讨一些开源工具，这些工具将使这些问题更容易解决，其中数据访问方面的问题尤其有希望得到解决。在科学研究中，已经有既定模型能够将人工智能工具、开源数据和用户友好模式用于生物医学、医疗保健领域[13]以及材料科学研究中。[14]其他科学领域，最终整个 IT 界，都有可能效仿这种做法。

数据质量是一个容易解释但很难解决的问题。我相信，当你收到一个堆满数据却又毫无意义的电子表格时，你一定会非常失望。即使是经验丰富的用户，也可能会在数据的标注和分组方式、计算基础以及其他数据处理问题上犯错。[15]而使用公司整体的数据基础设施也会如此，犯错是难以避免的。请你想一想可用数据庞大的数量、多样的变化和飞快的速度，以及这些数据对公司发展的重要性，你就会发现错误的或误导性的数据会导致严重的后果。

数据质量涉及很多方面，[16]其中包括基本的数据准确性、多个数据集之间的一致性以及数据的客观性（或者说是不存在偏见）。数据质量也有不同的阈值，这取决于相关领域是科学研究、政府机构还是商业经营。但是无论在哪一领域，数据质量差都会导致严重的后果。根据高德纳公司的研究，糟糕的数据质量给公司带来的平均财务损失约为每年 1 500 万美元。[17]当然，其中还不包括错失了大数据和人工智能所能带来的指数级增长机会导致的损失。

当然，提高数据质量有一些常识性的步骤，其中包括在数据影响和关键绩效指标之间，以及在数据质量提升和业务成果之间，都要建立明确的关联。[18] 还有一些其他步骤，包括为关键资产设计和应用数据质量指示板，都是被广泛接受的 IT 方面的实践措施，尽管这些做法通常需要大量的经济支持。

提高数据质量显然是有效应用人工智能和机器学习的前提条件。著名的计算机科学家吴恩达在他的一封公开信中就肯定过这一基本原则，这封信的内容是关于人工智能应当以数据为中心还是以模型为中心："有一个出了名的笑话，80% 的机器学习实际上是数据清理，这句话听起来仿佛数据清理只是一个次要任务。然而我的观点是，如果我们 80% 的工作都是在进行数据准备，那么对于研究机器学习的团队而言，工作的一大重心就是确保数据质量。"[19]

然而，人工智能本身也可以为解决数据质量问题提供方案。人工智能除了在其他方面的功能之外，它还可以自动识别重复的记录，检测由人为错误造成的异常情况，以及实现数据采集过程的自动化。

与组织成熟度相关的最后一个问题是数据管理的基础，即主数据管理，也叫作"MDM"。主数据管理是以关键业务数据应该"只有一个版本"的想法为基础的。理想情况下，这需要从多个数据源和应用程序为每个重要的实体、项目或事件创建一个唯一的主记录，以期该记录中包含一致的数据定义和可信任的商业决策信息来源。[20]

然而在实践中，相同或相似的数据往往有好几个版本，并且被分别存储于不同的独立部门，并且在截然不同的分类下运行。这种情况通常是由于企业合并或收购，而原来公司的 IT 部门在系统和实践方面都存在显著差异。公司的每个部门追求自己独立的数据策略也会自然而然导致这种结果。当部门目标和关键绩效指标出现不一致时，数据收集和分类通常会采取不同的形式，这就导致了不必要的重复和偏差。

MDM 和 AI 之间的关系是一个类似先有鸡还是先有蛋的问题。一致的、非独立的数据对于转型过程中的人工智能项目而言确实意义重大。联合利华的纳伦·斯瑞拉曼（Nallan Sriraman）在其 2020 年的《福布斯》专栏中指出，人工智能和机器学习预测的质量取决于它们最薄弱的一环，也就是主数据。[21] 然而，Zingg 的创始人索纳尔·戈亚尔（Sonal Goyal）在评论斯瑞拉曼的文章时补充道，传统的 MDM 系统可能无法胜任这项任务。她说："尽管有可能打破数据孤岛，但旧的主数据技术充斥着漫长的配置周期、复杂的部署以及硬编码的规则，这些使添加新的数据源和通过基础应用吸收主数据都很麻烦。" [22]

幸运的是，就像可以用于提高数据质量一样，人工智能也可以用于改善公司的主数据管理。人工智能和机器学习技术正在被用于实现许多 MDM 功能的自动化，包括识别域类型、匹配 / 合并、数据映射以及数据分类。[23] 这个领域正在涌现出许多的商业版权软件和开源软件，它们有望承担琐碎和重复性的 MDM 任务，[24] 并且提高计划和预测的精准度。

当你已经成功解决或者开始解决影响着公司组织成熟度的战略调整和数据管理方面的问题，你就可以着手处理人工智能数据准备框架的内部能力问题了。就像第一个“专栏”一样，这个问题乍一听可能很吓人，但实际上，大多数企业和非营利组织都可以轻松地做到，并且将带来指数级增长。

五、内部能力和参与度

数据准备的第二“专栏”关于两个方面，就是你的“人”和你的“工具集”，这两方面都至关重要。如果没有数据驱动的企业文化，本章中描述的所有其他元素都将是无用的；而如果没有工具使数据方案能应用于广泛的系统中，公司就没有成为倍增型企业的动力。内部能力的“人”这一方面，对个人和整个公司的企业文化都适用。当然，高管和经理们并不需要成为数据科学方面的专家。

然而，他们个人的数据使用习惯和专业素养，对于能够充分利用以数据为中心的项目，进而建立相应的企业文化并提高公司成员参与度而言至关重要。让我们先从基础问题开始讨论。

- 关键人物是否能够（并且愿意）查看、理解并且利用来自整个公司的相关数据？
- 非专业 IT 人员是否了解数据的基本特点和价值？
- 公司整体对数据的价值（包括大数据和人工智能）是否有积极的、基于现实的态度？
- 公司是否致力将所有内部和外部的利益相关者，纳入其数据战略的组成部分？

数据使用。大多数人在理解定量信息时都需要帮助。当你读到这本书时，数量极其庞大的数据正在以势不可当的形式呈指数级增长。要让这些数据变得有意义，就需要进行解释，最好是由同时了解数据科学、视觉设计和人类心理学的专业人士进行解释。正如耶鲁大学教授爱德华·塔夫特（Edward Tufte）在他的著作《定量信息的视觉显示》（*The Visual Display of Quantitative Information*）中所做的著名总结那样：早在数字显示器出现之前，情况就已经如此了："通常情况下，描述、探索和总结一组数字，即使是非常大的一组数字集，最有效的方法都是直接看这些数字的图片。"[25]

当然，图表这类静态的信息展示方式，已经被动态的数字化展示方式所取代，而这些动态的展示能够随着新数据的出现而实时变化。在商业领域，这些信息的展示方式就被称为数据指示板，[26] 以最直观的视图向组织内的决策者传达最重要的工作情况和状态信息。最著名的例子也许是于 1982 年首次推出的彭博终端。[27] 每年只需花费 24 000 美元，专业投资人士就可以实时访问全球金融数据、公司和基金业绩、新闻动态以及大量其他可视化的数据，并以此为基础做出交易决策。

如今，支持互联网接入的数据指示板已经很普遍了，并被用于各种可以想象到的商业智能。从理论上来说，可视化的指示板是推进大数据和人工智能相关项目的理想选择。在最基本的层面上，公司的任何成员都可以查看指示板的数据，而且最好是可视化的数据，更重要的是，利用数据做出商业决策，从而实现指数级增长。

当然，在使用指示板时也有一些注意事项。仅仅实现了数据可视化，即使是能够显示实时数据的动态可视化，也并不能保证数据指示板会被正确使用，甚至不能保证它会被使用！因为即使它设计得再好，人类的大脑一次也只能处理这么多信息。以下是一些值得警惕的地方：

- 数据可能是不完整的。正如我们在本章前面的部分讨论过的，许多组织的信息管理不善，数据被分别储存在不同部门，并没有以有意义的方式联系起来。

- 指示板可能优先处理了错误的数据。对 IT 专家来说很重要的数据，对商业决策者来说可能无关紧要。能够衡量的业务目标背景下才会存在有意义的指示板数据，比如 KPI 和数据性能指标（DPI），我们将在第八章讨论这些内容。
- 用户可能没有意识到数据的重要性，或者他们可能没有使用这些数据的动机。这属于数据素养的范畴，我们接下来会讨论这个问题。
- 大多数指示板显示的都是正在发生的或过去发生的事件，但没有（或不能）预测未来可能发生的事情或预先制定相应的行动方案。如果对数据重要性、事件背景或因果关系的设想是错误的，就可能导致糟糕的商业决策。[28]

尽管有以上这些需要注意的问题，但数据指示板仍然很可能是推动数据广泛使用的最佳方式，特别是由不熟悉专业数据技术的商业决策者在人工智能驱动的项目中使用。然而，正如 2018 年发表在《医疗保健 IT 新闻》（*Healthcare IT News*）中的一篇文章所概述的那样，这些指示板必须按照特定的要求进行设计。[29] 这种针对 AI 的指示板必须包括：

- 对明确定义的问题的答案，以帮助用户预先制定发展路径。
- 衡量趋势的关键绩效指标，并实时提供与其他重要数据的相关性。
- 能够明确责任和具有透明度的运行方式，能够让来自不同领域（经济、法律、人力资源等）的利益相关者检查该系统及其基础数据，以确保其不含偏见和其他意料之外的缺陷。

数据素养。决定公司数据应用能力的第二个因素是其员工个人浏览和理解数据、使用和分析数据，以及利用数据来支持更广泛的业务的能力。不幸的是，现如今公司员工的数据素养往往非常低。2020 年埃森哲的一份报告指出，在接受调查的 9 000 多名员工中，只有 25% 的人认为他们已经为高效地使用数据做好了准备，而只有 21% 的人对自己的数据素养和相应技能有信心。[30]

数据素养和技术素养并不能一概而论。正如麻省理工学院斯隆管理学院的一份报告得出的结论所言："真正的数据素养应该使人能够以不同的方式思考和行动，从了解真正的业务问题开始，并运用真知灼见来正确解决问题。”[31]

这份报告还提出建议，培训项目应将 80% 的时间集中在数据及其对公司业务的意义上，只留 20% 的时间集中于技术本身。数据素养评估通常会为员工和管理技能设定基准水平，而培训本身应尽可能避免使用专业术语，或者至少使用组织或业务部门的通用表述。

最重要的是，最好让公司的员工或经理认为，提高数据素养的奖励和目标能帮助他们获得成功，特别是在涉及大数据和人工智能计划时。

IBM 高管赛斯·多布林在人工智能和大数据项目上花了十几年时间，旨在帮助 IBM 客户实现主要业务目标。这项工作的一个主要方面是帮助公司提升高管的数据素养，也就是帮助他们了解自己拥有的数据有何意义。

他说：“在过去的 10 年或更长时间里，我开发出了我所谓的‘决策组合’。我与商业领袖坐在一起，确定他们需要解决的问题，以及人工智能或数据如何使他们受益。我们的目标是弄清楚人工智能和数据对于他们的价值，他们对应用这些技术的准备程度，以及按照什么优先顺序应用这些技术。我们发明了一个概念，并将其称为数据和人工智能的企业设计思维。”

多布林的研讨会找到了问题的根源，就是将商业战略与构建相应的人工智能战略联系起来。一旦在最初的会议上确定了经济价值，就要在实际应用这些技术之前，与合适的人进行接下来的技术研讨会。

“当我和人们交谈时，”他说，“我总是把他们引向这样的研讨会，这样他们就可以得到一个总体战略，探索如何以一种以人为本、以价值为基础的方式行动。”

“企业文化”是一个广泛的术语，适用于当今商业市场中，从工作场所的包容性到顾问式营销等各个方面。但在这里，“企业文化”（也被称为“数据文化”）[32] 指的是一个组织对使用数据的整体接受程度，这个概念不仅是为了描述过去发生了的事情，也是为了计划未来的行动并且重塑商业模式。

虽然强大的数据文化往往始于管理层的支持，但它也必须在公司内部得到基层员工的支持。这意味着以数据为中心的项目不能被局限于“很酷的科学实验”，或者只是为了数据而收集数据。相反，它们必须被用来制定明智的决策，而且要让整个公司的员工都知道这些决策产生的结果。如果从多布林所说的“快速见效”计划着手，有时，来自同事的压力可以激励不情愿的部门采用更加积极主动的方法处理数据。

他说："当你准备采取行动的时候，你应该优先从那些乐于采用新技术的业务部门开始。你肯定想先快速地取得一些成效，这样你就可以展示新技术是如何创造价值的。正如应用数据和人工智能的公司表现优于不这样做的公司一样，应用数据和人工智能的公司部门也表现得更好。在高管团队会议上，首席执行官们会说：'你为什么不像她那样做？她利用这些技术节省了更多的收入成本，而你却没有。'这种来自公司同事的压力可以推动企业文化的转变。"

随着越来越多的人从以数据为中心的企业文化中受益，基层员工对这种企业文化也会更加支持。然而，这意味着要摒弃对应用数据滞后的习惯和误解。

雪佛龙公司（Chevron）的首席数据官艾伦·尼尔森（Ellen Nielson）描述了各地商业人士普遍存在的一些问题。她说："他们认为获取数据是一件轻而易举的事情，因此他们经常对准备数据需要这么长的时间感到惊讶，也可能会对这个漫长的过程不耐烦。他们无法理解，数据准备的过程为什么会如此复杂。"她认为这可能是由于这些商业人士强调战术思维而非战略思维。"有时候，一个商人不知道如何描述他们真正想要的东西。他们的商业文化由短期目标驱动，因此他们只想快速解决一件事，而不愿意花太多时间来解释整个问题。他们知道某个领域存在价值，但无法描述这种价值（是）什么，也无法描述如何衡量这种价值。”

似乎很久以前，也就是2020年，《哈佛商业评论》列出了建立数据驱动型企业文化所需的10个战略步骤，[33] 从高管支持开始（本章前面提到过），最后是分析选择透明化。如今，这种需求更加迫切。新型冠状病毒感染疫情肆虐以及战争和社会动荡在全球范围内的影响已经清楚地表明，企业和非营利组织必须比以前更加灵活。而只有专业知识丰富、注重数据应用的企业才能做到这一点。

数据准备框架的下一个组成部分是企业参与，这是一项基于“利益相关者资本主义”理念的活动。[34]“利益相关者资本主义”的定义是“通过为员工、客户、供应链和分销伙伴、社区和环境创造价值，最终实现为投资者创造回报”。[35] 而事实证明，这一理念不只是基本的利他主义，它会带来实实在在的经济回报。

坚持企业参与原则并属于参与公司股票指数（ECSI）的

公司，其收益率平均每年比标准普尔 500 指数高出 6.2%。[36]

数据分析和人工智能是企业参与的两个关键组成部分。为了做出对所有利益相关者（包括公司的员工、合作伙伴和客户）都有价值的决策，一家企业必须首先了解这些利益相关者，并清楚地了解他们的习惯、偏好以及他们未来有可能进行的活动。而只有通过理解和利用大数据，才能获得这些利益相关者的信息，并对这些信息加以利用。特别是公司的人力资源部门，已经发现了“人才分析”的价值，这种分析可以将原始数据转化为明智的决策，最终提高公司内部的参与度。[37]

归根结底，那些将数据素养、企业文化与实现利益相关者价值的整体方法结合起来的企业，更有可能采用人工智能和大数据，而这些举措最终会产生深远持久的影响。同时，这些企业更有可能遵循倍增型企业的发展模式，即应用全新的商业模式并实现指数级增长。

六、内在能力和转型

以数据为中心的举措不可能一蹴而就。它需要企业努力收集正确的数据，提出正确的问题，并使用机器学习和 / 或深度学习技术在数据中寻找相关模式，以便更快地执行进程或操作。如果所有这些努力下一次还要重新进行一遍，就会阻碍甚至中断未来的尝试。即使结果对公司有益，也是如此。

只有当公司能够相对轻松地在过去的成功基础上再接再厉时，大数据和人工智能才能帮助公司实现转型。

组织内部能力的“工具箱”部分包括一些重要技术，它们使以数据为中心的方案不止停留于“一次性”的实验。这些工具的存在也明确地表示，大数据和人工智能的推广应用并非依赖于某个人或某个团队，而是可以由任何有能力的 IT 部门或第三方服务机构进行复制。

可扩展性、适应性和可重复性在涉及人工智能项目时，往往面临着巨大的挑战。这通常是由于复杂的商业环境，而非编程困难造成的。商业环境涉及本章前面提到的问题，但数据专业人员可以通过专注于业务成果来解决其中的许多困难。用一位数据科学家的话来说：“如果你不能在应用程序的设计过程中让最终用户参与进来，你只能创造出一个无用的工具。不管你的数据科学团队有多好，正在创建的系统必须由实际的业务需要驱动。实现这一点有个很好的方法，就是在实验和生产阶段一直与最终用户保持联系……并且应该与最终用户一起构建最终解决方案。”[38]

用于创建人工智能和大数据项目的基础设施正变得越来

越强大。除了亚马逊和其他供应商不断扩展的 SaaS 和云服务之外，许多小型开发人员也在有偿提供基于人工智能的技术和集成服务。

但是，花钱购买第三方服务并不是唯一的选择。公司及其 IT 部门还可以利用各种各样的非专属资源。其中就包括来自 GitHub 和其他交流平台的开源人工智能代码 。这些平台会收取适度的年费，但允许数据分析师自由地复制、修改和借鉴他人的工作成果，从而为公司节省了大量的开发成本。许多人工智能和机器学习领域的开发者都热衷于开源模式，他们会经常在这些交流平台上分享他们的工作成功经验，进而构建了大量的实用型数据分析工具。

除此之外，开源人工智能还有诸多其他优点。布鲁金斯学会（Brookings Institution）的一份报告指出，开源的方式加速了人工智能的普及，促进了良性竞争，并且能够快速生成“易于获得的、稳健可靠的和高质量的代码”。[39] 这种方式还能够给科学家更多的时间和资源来开发透明、可解释的数据模型，以减少人工智能的偏见。这份报告总结道：“对于那些忙碌的数据科学家而言，开源代码对于发现和消除机器学习存在的歧视问题有着不可思议的巨大帮助。”

每个企业或非营利组织都有可能收集所需的数据来推动有意义的人工智能项目。无论该企业的发展和创新潜力是否有限，它都有能力改变其企业文化并且做好技术准备，进而采用以数据为中心的方法来解决问题，最终成为一个倍增型企业。

在下一章中，我们将具体探讨如何实现这个听起来很大胆的目标。

第七章

成为倍增型企业

Octothorpe的管理层正在考虑几种不同的发展战略，其中每一种战略都有可能由数据和人工智能指引。问题是，应该首先处理哪个项目？非传统的餐饮服务和即时的“弹出式”食品服务正在出现。与此同时，他们传统的餐厅客户群体正在寻找开设特许经营店的地点。这些趋势都展现出了提供特色食品的增长潜力，但如果没有数据，管理层只能依赖主观猜测扩大业务范围。

该公司知道同时进行多个项目并不明智，所以他们评估了几个项目中每个项目的可用数据集。他们储存了一些现有客户的信息，包括这些客户订购了什么，交货的情况如何等，而这些客户信息就是最相关、最有说服力的数据。随后，他们对使用这些数据的商业价值进行了评估。具体地说，他们预测，如果用这些数据来推出针对全国餐厅和餐饮服务商的营销内容，利用这些数据将吸引更多的新客户并且增加公司的销售额。

通过这样做，Octothorpe 为数据驱动的活动确定了“动力区域”的优先次序，并朝着有意义、可量化的目标按照这一次序改进他们的营销工作。第七章为确定这种优先次序提供了一张蓝图，企业首先要对可用数据的质量进行评级，其次要对项目的商业价值进行评级，而这些方面都可以在项目进行期间和结束之后进行评估。

我们现在来到了应用人工智能和大数据的第三步，也是最重要的一步。你已经评估了公司的现状及其数据准备情况。第三步就是，优先在能够产生最大价值的一个领域应用人工智能和数据解决方案。通过这样做，你的公司或非营利组织将会开始实现指数级发展。

如果你的公司现状和数据准备情况还不尽如人意，请不要失去信心。正如你将看到的那样，即使一家公司在数据准备或发展潜力方面的条件不够完美，也有可能获得良好的结果。但是，要找到一个能产生最佳效果的优先项目，就会涉及我所说的“动力区域”，即一个容易探索的因素的维恩图（见图 7.1）。

一旦你确定了这些因素重叠的领域，你可能会动摇，想要把大数据和人工智能技术同时应用到几个项目中。但同时进行多个项目是不明智的，尤其是在初次尝试时。

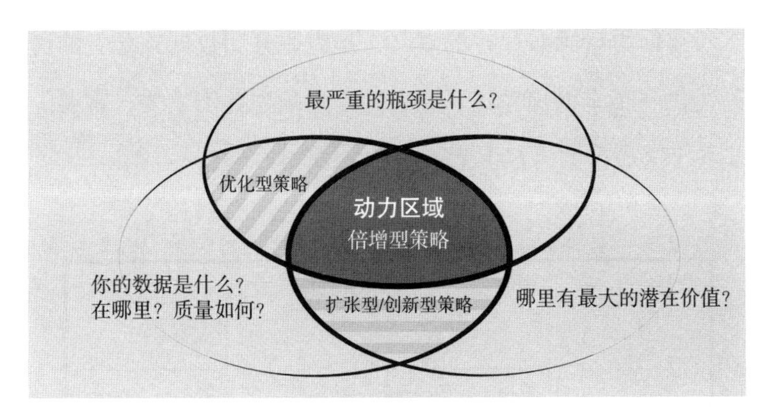

图 7.1　动力区域因素维恩图

注：长期存在的问题、丰富的相关数据和潜在的商业价值会在有些领域重叠，这些领域就是人工智能和大数据能够产生最大影响的地方。倍增型策略的目的是，使你根据这三个要素加快推行数据解决方案。

正如我们将在第八章中探讨的那样，你一旦成功得到了可衡量的结果，可能就会想扩大投资领域，但现在，少即是多。通过展示在动力区域的首次显著成功，你将吸引别人的注意力，让他们注意到数据有可能使企业业绩倍增。

一、规划一个数据战略

在第五章中，我们简单介绍过商业模式画布的战略映射方法。对公司的发展目标和方式进行简要的概述，对一般的业务来说只是一个强有力的工具，但在规划独立的数据项目时，这种概述必不可少。这里就展示了一张商业画布。

数据力量画布存在的意义，是为业务和数据领导者的讨论提供一个全面出发点。左右的排列顺序并不重要，重要的是各个区域中的内容（见图 7.2）。

<table>
<tr><td rowspan="3">数据</td><td>问题</td><td rowspan="3">数据性能</td><td>产品</td></tr>
<tr><td>市场</td><td>客户</td></tr>
<tr><td>交付</td><td>价格/成本</td></tr>
</table>

图 7.2　数据力量画布

注：确定任何以数据为中心的项目的参数，都可以为其潜在的、可衡量的影响设定现实的期望，并为解决未来的问题做好准备。

可能在数据能够用来界定问题之前，领导者就已经凭直觉发现了最紧迫的业务问题。在其他情况下，数据可能首先被了解，如图 7.2 所示，揭示了问题的性质和范围，从而证实了领导者的直觉。

二、发现最紧迫的问题

当然，所有的公司都在与各种棘手的问题作斗争。无论是在商业领域还是在现实生活中，在提高效率、增加盈利或者实现更远大的抱负方面都会存在障碍。因此，在寻找最严重的瓶颈时，我们必须提出的第一个问题是：如果没能突破这个瓶颈，它会带给我们什么损失？是会拉低我们的效率、让我们错失机会，还是会给我们带来其他不太明显的负面影响？

并非所有问题都有容易被发现或是效果显著的人工智能或大数据解决方案。但就本章和本书而言，对于有数据解决方案的问题，给它们排序的能力来源于这些组合：

- 经验丰富的领导者，对问题的严重性和可能造成的损失有着直观的感知或“直觉”。
- 现有的内部数据会指出问题的本质。

关于管理者运用直觉的实证研究还很少，原因也很简单，因为直觉发生在个人的头脑中，研究人员无法接触到。然而，越来越多的研究支持这样一种观点：直觉是一种合理产生的心理现象，它最终会被认为是“管理者决策方法的核心和必要组成部分”。[1]

如今，无论在商业还是其他方面，都流行吹捧直觉的力量。在马尔科姆·格拉德威尔（Malcolm Gladwell）于2005年出版的畅销书《决断毫秒间》（*Blink*）中，许多例子都说明，我们的潜意识可以引导我们取得不可思议的而且往往是很好的结果。这种潜意识层面的决定是通过一个被称为“片段化”的过程产生的，在这个过程中我们的潜意识会根据许多细小的经验片段来识别模式。[2] 他还列举了一些案例，说明下意识的直觉反应也可能会导致我们做出糟糕的选择。比如 1920 年，沃伦・哈丁（Warren Harding）被选举为美国总统，他在公众的想象中似乎是“总统”的合适人选，但事实证明他根本就德不配位。心理学家丹尼尔・卡尼曼进一步指出，我们的自动下意识的思维过程，也就是所谓的“系统 1”，会受到许多认知错误和偏见的影响。如果我们不能“放慢节奏，从‘系统 2’中寻求强化”（“系统 2”是我们更慎重、付出更多努力的思维过程），这些“直觉”就会导致糟糕的决定。[3]

谨记以上告诫，当单独的数据不足以证明选择的合理性或是找出具体的问题时，直觉往往是帮助领导者做出商业决策的重要因素。事实上，往往是数据和直觉的结合提供了必要的洞察力。[4]

在涉及人工智能和一般的分析时，洞察力和数据的结合甚至更加重要。正如巴布森学院教授托马斯・达文波特（Thomas Davenport）所指出的，“你通过现有的数据所产生的直觉就是假设。当然，分析的不同之处在于，你不会停留在直觉层面，而是会进一步测试自己的假设，以了解你的直觉是否正确。”[5]

达文波特还指出，直觉往往是分析的初始基础，因为很少有公司会花心思做实际的分析研究来寻找这种机会。恺撒赌场（Caesars）（当时还是哈拉斯赌场）的首席执行官加里·洛夫曼（Gary Loveman）凭借直觉相信“服务利润链理论”，这个理论的观点是改善客户服务可以提高盈利水平。虽然他当时没有赌场的具体数据，但他的直觉推动了多年的分析项目，而且这些项目每个都有具体的投资回报率要求。赌场的“全黄金”会员计划提供了数据，从分析这些数据开始，该公司对客户的行为和偏好有了详细的了解，这反过来又助推了商业决策，大大提升了顾客忠诚度，并使收入增加了 14%。[6]

当问题超出了传统数据分析的范围，需要真正的人工智能或机器学习解决方案时，直觉也是必不可少的。机器学习并不能解决所有的商业问题，但当它们可以时，最终的一步必须是提出问题，以确定拟议的机器学习流程，无论在技术层面有多么出色，从理性的商业角度来看必须有意义。[7]

寻找问题的过程还有一个部分，就是观察你已经拥有的数据。在本章后面部分，我们将讨论数据的不同来源和类型，以及如何评估它们的相关性和价值。但现在，我们需要通过现有的数据发现迫在眉睫的业务问题。

不管是有意还是无意，大多数公司已经收集了大量现有的内部数据，如果能妥善处理这些数据，就可以发现公司业务存在的问题，并且往往可以指出这些问题会带来怎样的财务影响。数据的来源见表 7.1。

表 7.1　内部数据的来源

内部数据的来源	数据类型[8]
来自客户服务或技术支持过程的客服中心记录，包括文本、录音和调查材料	客户流失或留存的原因 客户行为数据
由销售人员、客户服务代表、现场服务人员或培训人员提供的销售、安装或事故报告	客户流失或留存的原因 基本人口统计数据 交易记录
来自 CRM（客户关系管理）、搜索系统和内容管理系统的营销漏斗数据	推介来源 内容表现
记录客户历史选择和偏好的电子商务记录	交易记录 行为数据
与公司本身、公司产品和公司客户相关的社交媒体数据	推介来源 内容表现 行为数据

以上任何一个数据来源都是绝佳的、客观的起点，能够帮助公司寻找潜在的人工智能或大数据解决方案。客服中心的记录很可能帮助公司检测出会造成严重损失的问题，其中的数据资源尤为丰富。这些数据可能相对简单，比如客户满意度和一次呼叫解决问题等内容。[9] 这些数据在本质上是高度结构化的，因此传统的分析方法可能就足以识别出问题，甚至是提供解决方案。

然而，其他的客服中心数据，尤其是语音记录，是非结构化数据，所以可能需要更严格的统计数据分析。[10]

在检测这些非结构化数据中可能存在的问题时，人工智能和机器学习将会发挥重要作用。法国的一项早期研究探索过从客服中心记录中识别出人类情感的方法。[11] 这种方法后来被用于检测高水平的压力或挫折感，[12] 帮助呼叫中心更快做出反应，并更高效地将电话从自动系统转给人工接线员。

无论使用哪种来源的数据检测问题，这些数据都可以用来确认或质疑企业领导者对问题的“直觉”判断是否正确，无论其财务成本高低。然而，一旦确定了迫在眉睫的问题，这个过程中接下来的步骤是至关重要的。

三、现有的条件非常重要

一旦你确定了公司最紧急的问题，了解当前的商业条件（也就是问题的背景）就是必不可少的。网飞和星巴克成功的数据战略并不是一蹴而就的，像 Coda 咖啡这样的小公司也是如此。像这些公司一样，有些环境因素会推动或阻碍以数据为中心的方案，而你必须明确并量化这些因素。

外部的全球市场条件[13]，如通货膨胀、利息、税收和就业率，当然是各个公司无法控制的，但这些外部因素的现状和变化趋势会对数据驱动项目的成败产生巨大影响。政府政策调整、消费者行为改变以及技术更新换代更不受我们的控制。事实上，行业领袖和专家对技术更新换代速度的预估都曾经错得离谱，比如 2006 年《纽约时报》曾预测苹果永远不会推出手机。[14]

因此，企业更应当采用以数据为中心的方式来了解商业和市场状况。如果使用得当，数据总是能发现消费者行为模式。人工智能可以利用数据发现市场变化的趋势，并将其有效应用于多个领域，最终实现企业的倍增效应。获取与外部条件相关的数据并没有表面上看起来那么困难。譬如下文所述的公共数据源，企业通过它们可以轻易获得几乎所有的此类问题的公共数据。当然，企业不需要更新或管理这些数据，但企业必须考虑到每一个与自身业务相关的公共数据源，评估其数据的相关性及质量。然后，部分数据源可能并不可靠，人工智能可以用于检测其中的异常情况。[15]

然而，无论全球的外部环境因素多么难以捉摸，企业的内部条件，如当前的分销渠道或收入流，都是更加值得重视的。它们可能不是你的数据项目打算解决的主要问题，但它们在某种程度上总是相互关联。当网飞和星巴克力争“比客户更了解自己”时，它们的 DVD 和咖啡产品已经有了完善的订购和配送渠道，并且它们都掌握了大量的相关数据。问题不在于如何使这些现有的渠道运作得更好，而在于预测它们的顾客想要什么，无论它们需要使用什么渠道满足顾客的需求，即使是采用全新的渠道也在所不惜。了解这些内部条件很重要，但它们不是人工智能和大数据需要解决的核心问题。

四、寻找正确的数据及其相关性

在查看公司现有的内部数据集时，你很可能发现它们并不完整，或者你的公司并没有将这些数据作为一种有价值的统一资源进行充分的管理，正如我们在之前的章节所讨论过的那样。尽管这可能会在一开始限制你的选择，但它不应该阻碍你找出一个优先从人工智能和大数据中受益的领域。（当然，这也应该激励你做好公司整体数据的准备工作。）

除了许多还未得到有效利用的内部数据源，你也可以从外部数据源中获益，比如免费的公共数据。Tableau Software 列出了囊括广泛主题的多个免费数据源，[16] G2 的 LearnHub [17] 和谷歌的公共数据浏览器也是如此。[18] 你还可以从邓百氏（Dun & Bradstreet）等公司获得付费的外部数据源。换句话说，问题不在于没有足够的数据，而在于我们往往不知道如何评估数据的价值。

在我们讨论一个项目的商业价值之前，我们必须先审查打算使用的数据，并且给这些数据评级，我称为数据价值指标（DVI）等级（见图 7.3）。数据的价值要比其数量或质量重要得多，如前一章所述，这些数据不能是彼此孤立的，整个企业范围内的数据要统一管理。我的意思是，除非数据与项目的预期目的紧密相关，否则它们难以产生预期的结果。

在一个特定项目中，项目团队需要为所选择的数据集评定一个数字的 DVI 等级。（我们将在本章后面的部分用到这个数字。）这个数字评级不是任意的，也不是纯粹出于直觉的选择。尽管随着经验的积累，一个团队在这个过程中会做得更好。

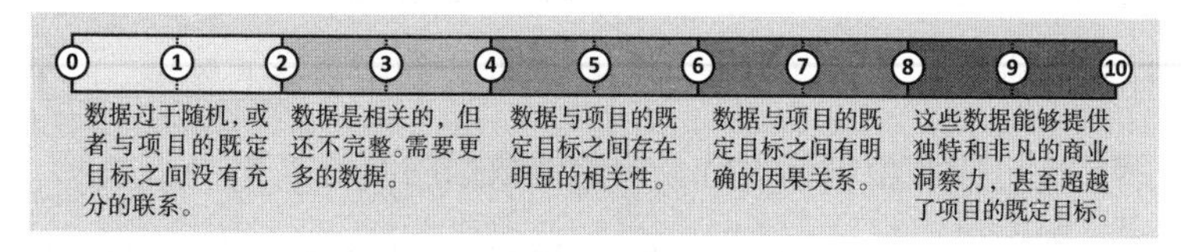

图 7.3　数据价值指标评级

注：所有的数据都是不一样的。在评估一家公司拥有的数据对于某个特定项目的价值时，一定要明确数据的使用能够在多大程度上实现预期的目标。通过提出一些难度较大的问题，你可以用具体的数字对公司的数据价值进行评级，而本章后面的部分将用这个数字确定项目的优先顺序。

给数据价值的评级较高，说明当前的数据集为公司的实际发展提出了有意义的问题。这些问题可以是关于可衡量的市场条件或发展趋势、客户行为、交付方式，也可以是任何推动或阻碍你的主要业务目标实现的因素。例如，我们可以从理论上推测，大多数客户都喜欢在智能手机上订购这样或那样的产品，但除非数据可以证明这一假设，否则该项目的 DVI 将会很低。

这些问题与更高的效率或更多的收入等业务问题无关，我们将在下一节中进行讨论。相反，它们涉及的是数据的相关性。例如，“如果我们分析这个特定的数据集，我们能知道消费者更喜欢红苹果还是青苹果吗？”或者“我们知道一天中在什么时间召开股东会议最好吗？”或者“我们能为新办公室找到最佳的人选和地点吗？”或者“我们会发现一些以前从未考虑过的东西吗？”这些问题与公司发展的任何方面相关都可以，包括难以预料的结果发生的可能性，但它们必须都有一个坚实的基础：

- 关于数据及其价值的问题，必须在现实世界中有意义。
- 企业或非营利组织面临着一些迫在眉睫的问题，因此，数据提供的答案也必须能够为解决企业紧迫的问题提供切实的帮助。
- 它们必须以 IT 领导和业务领导的能力和信心为基础。

项目必须有一个目的，即解决一个已知的问题或发现一个新的机会。因此，数据集及其通过基本分析、人工智能或机器学习提供的答案，也必须支持项目的这一目的。如果这些数据提供的答案只能表明两者之间存在着相关性，那么数据价值应该只有 5 左右，但如果有一个直接的、符合逻辑的因果关系，数据价值应该是 7 左右。

随着时间的推移，为数据评级的工作将变得更加高效，特别是如果一家企业或非营利组织已经认真对待了第六章中的数据准备步骤。一旦完成了大量的、成功的数据项目，你将更有信心进行更高的 DVI 评级（8 或 9），并合理地期望数据将提供独特的见解，引导你实现倍增型策略。在此之后，下一个阶段是评估数据的商业价值。

五、数据的商业价值

到现在为止，你可能已经认为，收集和使用数据这件事本身，虽然是“很酷的科学项目”，也可能会导致自我受挫。相比之下，追求一种更加以业务为导向的方法将有助于消除人们对 IT 行业人员的刻板印象，即他们都是格格不入的、控制欲过强的怪人。正如身为作家和技术投资者的罗米·马哈詹（Romi Mahajan）所说：“当有人说 IT 专业人员离实际的业务太远时，他们应该提醒大家，在现代企业中，业务部门和 IT 部门正在融合，而正是后者在为前者赋能。”[19]

为了取得成功，每个数据项目都必须有一个明确的商业价值指标（BVI）并为其分配一个具体数值（见图 7.4）。

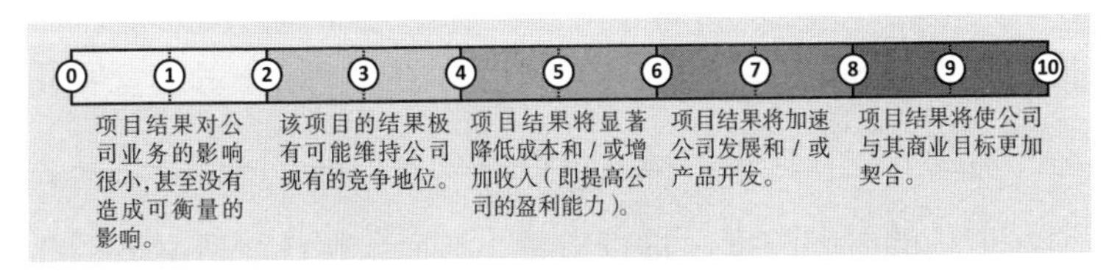

图 7.4　商业价值指标评级

注：以数据为中心的项目对企业的成功总是有一个相对的价值。业务和 IT 方面的领导者都可以从直观的假设开始对该价值进行数值评估，但必须始终包括具体的可衡量的结果。

最重要的是，一个项目的商业价值必须是可衡量的。无论一个人工智能或机器学习项目看起来多么有趣，如果其结果无法定量衡量，那么就不能认为它对企业的健康或发展有价值。例如，提高“品牌忠诚度”是全世界所有营销活动的理想目标之一。但是，除非拟议的数据项目能够真正地衡量消费者对品牌的感受，否则它充其量只是一种主观猜测。在过去，这种衡量的数据只能通过成本高昂的调查和焦点小组获得，但现在也可以通过人工智能来收集。

在第八章中，我们将讨论一个至关重要的步骤，也就是衡量任何以数据为中心的项目的结果，以及当涉及推广这些项目以实现更高远的目标时，衡量项目的结果有何意义。然而，衡量任何东西都必须首先定义这些可衡量结果的参数。

换句话说，我们期望最终看到什么结果被证明或被否定？

其中一些结果相对容易被发现，例如那些与降低成本或增加收入有关的结果。在这个模型中，这类潜在结果的商业价值评级是 5 左右。其他可能产生的结果，如公司的发展或新产品的开发，应得的商业价值评级为 7 左右，这类结果必须在更长的时间跨度内进行衡量。然而，在任何情况下，都必须实事求是地进行评级，并且在有硬性要求的定量衡量与非 IT 专业人士青睐的定性测量之间取得平衡。

六、数据性能指标

当你评估了项目数据的相关性及其对公司的价值后，你就可以计算我所说的数据性能指数，也就是 DPI（见图 7.5）。

人工智能和大数据是可以量化的，这让我们能够非常有把握地预测，一个数据项目可以改变一家企业。

数据性能指标这个数字，正如其因变量一样，并非随机生成的。它基于对一个数据集的内在价值、相关性以及业务影响的真实评估。它不仅展现出一个项目相对于其他数据项目的优先级别，而且还提供了衡量其成功性的客观基础，我们将在下一章中更详细地探讨这个问题。

在这个模型下，数据和商业价值结合度最高的项目应该得到最优先的考虑。例如，如果可以证明客服电话的数据与回头客生意具有很强的关联性，那么其数据价值将被评定为 6。

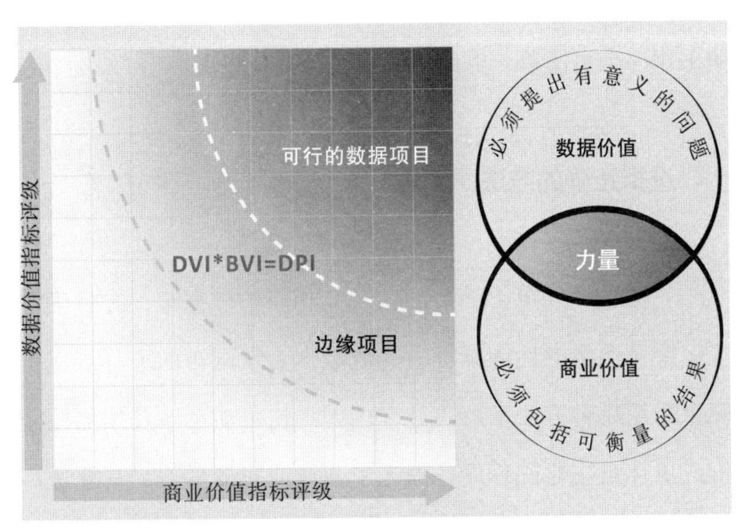

图 7.5 数据性能指数

注：一个项目的数据性能指数越高，就越有可能产生指数级增长的成果。可行的数据项目必须具有高数据价值或是高商业价值，抑或是两者兼备。一旦一个项目的 DPI 被确定为向前推进的基础，其根本问题 (DVI) 的有效性和结果的成功性 (BVI) 必须被不断进行评估，并与我们的初始评级进行比较。

然后，如果回头客生意代表着巨大的收入增长潜力（一个理想的、高度可衡量的目标），那么其商业价值可以被评定为 7。由此产生的数据性能指数为 42，这将证明它比一个数据性能指数较低的项目更有必要被优先考虑。

数据性能评级不仅可以帮助公司确定项目的优先级，而且还可以帮助公司决定对项目投资的数额。例如，一个客户服务改进项目可能有一个非常高的、可衡量的商业价值指数，但现有的数据集可能太少，无法证明一个人工智能或机器学习方法是正确的。在这种情况下，较低的数据性能等级会说明采用一个更简单、更传统的方法非常有必要。

七、选择正确的方法

一旦明确界定了一个问题及其相应的数据集，并且确定了一个可测量的性能标准，完成数据力量画布的下一步就是确定采用哪种方法来解决这个问题。这可能会涉及预测性分析或更加自主化的程序，即人工智能或机器学习，其算法可以随着时间的推移自我改进。虽然这些方法是相互关联的，但它们之间也有着重要的区别。[20]

具体选择使用哪种方法取决于几个因素。这些因素不仅包括成本（几乎每天都在变化），还包括公司的数据准备状态以及项目中实际使用的数据集的质量（或 DVI）。

正如前面讨论过的，传统的数据分析只是描述性的或诊断性的，也就是回答“发生了什么？为什么会发生这种情况？”之类的问题。然而，数据分析也可以是预测性的，甚至是指导性的，它可以帮助公司了解可能发生的事情以及可以采取的相应措施。

“常规”分析方法与人工智能分析方法的区别在于，前者是静态的，来自人类的假设。[21] 虽然它在解决业务问题方面具有重要价值，但传统的分析方法需要一个知识渊博的人，或者一个由知识渊博的人组成的团队，他们不仅需要具体设想问题，还需要从主观出发解读分析的结果，并指出最有利的应对方案。

这并不是说应该避免使用传统的分析方法，事实远非如此。对于 DPI 较低的项目，只要在人类能够测试和可以理解的范围内，传统的分析方法就是理想的。精心设计的数据指示板总会有其用武之地，只要使用它们的人了解其局限性。然而，如果有关数据集过于庞大和复杂，仅凭人类的能力无法管理或解释，那么人工智能或机器学习（这两者不是同义词[22]）就会是首选的方法。与仅仅使用传统分析方法相比，人工智能和机器学习都是动态的、自主的并且完全由数据驱动的，而不会受到人类主观假设的影响。事实上，人工智能分析方法更容易推翻错误的假设，并改进公司的数据策略。数据力量画布一定要包括人工智能分析方法的所有工具和相关参数。通过这样做，你可以继续推进项目的预期目标。

八、确立目标

最后的任务是确立项目的目标（除了衡量和推广成果之

外，这些内容将在第八章中讨论）。项目的目标可以是相对渐进的改进，比如对价格、成本或分销渠道等方面产生影响；也可以是扩大业务范围、获得新客户，或是指导新产品的开发，正如第五章中所讲述的那样。然而，项目的目标还有可能是对商业模式进行重大革新，甚至要完全抛弃以前的模式。

在数据力量画布上列出的目标应该尽可能明确，但有两个重要事项需要注意。

- 第一，数据既有可能证明你的假设，也有可能推翻你的假设。但这两种结果都是有价值的。数据驱动的项目或计划可能会带领公司业务实现指数级增长，也有可能会保护你的公司，避免公司领导者做出灾难性的决策，这两种结果都是成功的。
- 第二，请始终期待意外的发生。相比于任何 IT 专家团队能够独立处理的数据体量，人工智能和机器学习都有能力涵盖更多的数据，无论这些数据是结构化的还是非结构化的都不例外。人们必须做好准备，因为有可能会发现意料之外的结论。从根本上而言，人工智能不仅旨在简化常规任务，比如在海量数据中进行筛选，而且还可以模拟人类进行决策。虽然人工智能可能永远不会像好莱坞电影里那样拥有自主意识，但它肯定能顺利得出结论并提出我们想不到的行动方案。

通过在公司最紧迫的业务挑战、现有的数据及其潜在价值的“力量交叉点”，以这种方式对数据项目进行优先排序和量化，你将为人工智能创造机会，使其带来指数级的商业发展。

在下一章中，我们将探讨这种策略的具体实施过程，包括衡量结果的方法，对这些方法做出调整并推广到其他项目中，并相应地转变你的业务。

第

八

章

应用、衡量和推广人工智能

在确定了行动方案后，Octothorpe找到了一个合适的合作伙伴：一家非常擅长研究数据和人工智能解决方案的机构。通过开源人工智能工具，公司从不断增长的客户反馈中提取到了重要的客户偏好信息。这些重要的信息为公司提供了引导，以针对不同的广告类型和社交媒体渠道定制不同的营销内容。

为了保持必要的营销内容数量，该机构使用开源的自然语言处理系统来生成粗略的底稿，并由人类写手对这些底稿进行监督和编辑。该机构还广泛应用了A/B测试和其他程序严密的计算机协议，这样做不仅是为了衡量不同条件下不同营销内容产生的效果，也是为了在最有效的营销渠道中优先投放广告。

在整个活动过程中，该团队不仅衡量了常规的广告指标（查看率、点击率等），而且还衡量了客户在营销漏斗中的进展情况（与浏览内容相关）。

最终，公司的客户转化率和留存率都有了显著的提高，收益的增加远远超出了项目的成本。

除此之外，该团队的成功还激发了后续项目，这些后续项目与更有效的交付流程相关。该项目产生的数据也让公司发现了餐厅和食品供应商以外的新客户，同样的数据和人工智能方法也可以应用于此。

Octothorpe 成功实施方案、衡量成果和其扩张潜力的案例，是第八章中描述的方法之一。如果一个数据项目，在可衡量的条件下实现了预期的数据和商业潜力，那么它的积极影响将不只限于该项目本身。通过利用经验、工具、技能组合，甚至从一个精心设计的项目中获得的数据，一个公司可以扩展到更远大的目标，最终实现商业价值的指数级增长。

到目前为止，我们已经讨论了规划可行的数据和人工智能策略所需的基本步骤。一旦评估了你的企业或非营利组织的固有性质（四大象限），企业的数据准备情况，并基于数据项目的价值确定了其优先级，我们就来到了最有趣的部分，也就是实际应用并且优化结果。

拥有合适的数据团队是成功应用人工智能的关键。一个好的团队将为公司发展提供动力，尤其是初期项目的目标是快速取得成功时。对于许多小公司来说，这个团队可能会包括外部合作伙伴或顾问，这些外援需要具备必要的知识和经验。在寻求特定商业领域的专业帮助时尤为如此，例如数字营销、人员招聘、产品维护、供应链效率或研发领域。但无论如何组建团队，它都必须包括角色明确的关键成员。

组建合适的数据团队并非易事。[1] 当然，并不是团队中的每个人都需要成为“数据科学家”，但每个角色都必不可少。必要的角色包括：

- 高管支持者或倡导者——这个角色我们在前面的第六章讨论过。
- 数据工程师——在整个人工智能架构中定义和应用数据的人。
- 数据科学家——有能力探索数据并提取可操作信息的人。
- 开发运营工程师（也就是 DevOps）——负责推出和管理解决方案的人。
- 业务分析师——某种意义上的转换者，既要评估数据项目应该满足的要求，又要传达做出决策所依据的结果。

在许多较大的、较传统的公司中，分析工作往往是集中的，由一个数据团队为整个组织服务。其他类型的公司则倾向于分散的或混合的分析方法，每个业务单位或部门都有自己的数据资源、处理流程和团队。没有哪种方法是绝对错误的，但一家公司数据团队的规模和组成架构应该取决于组织的整体数据策略。[2] 无论采用哪种结构方式，沟通都是必不可少的。

> Toast 公司的商业智能高级总监格雷格·沃尔德曼（Greg Waldman）说过："雇用具有强大沟通能力的优秀人才，其他事情就会变得容易得多。优秀的人会让你找到其他优秀的人，你可以雇用世界上最聪明的人，但如果这些人不能与专业技术水平较低的人交流分析的结果，他们就无法取得成功。"[3]

无论你聘请咨询公司还是雇用自己的人，选择合适的数据团队的标准都是相同的。

- 在数据模型和方法方面具有经验，不能局限于传统的结构化数据或孤岛式的独立数据库。换句话说，他们必须理解第六章中描述的数据准备过程，并为遵循这一过程做好了准备。

- 当涉及数据和人工智能时，首先要关注业务目标。每个项目都必须有足够高的、可衡量的 DPI。也就是说，一个项目必须有高评级的 BVI 和相对较高的 DVI，我们在第七章中讨论过这两个指标。

本章将介绍如何在外部咨询公司的帮助下或依靠自己公司的员工来执行和衡量数据项目。然而，当涉及实现商业价值的指数级增长时，它们都遵循相同的基本原则。如果一个项目经过衡量的实际表现，符合甚至是超过早前预测的商业价值，那么它将带来真正意义上的商业价值增长。它也将成为未来项目的可靠范本。

执行数据项目的第一步是确认现有数据的价值及其与主要业务目标的相关性。例如，在招聘活动中，主要数据通常包含在应聘者简历和其通过在线招聘网站提交的信息里。当然，很多数据都是非结构化的，应聘者撰写这些信息的方式也可能会影响招聘人员的判断。正如我们在前一章中所讨论的，可以合理假设这些数据与招聘活动高度相关，因此这些数据的 DVI 应当得到较高的评级。当然，问题是有这么多的简历，而能够用来充分审查这些简历的时间却很少。幸运的是，正如开发者 RChilli 所演示的，[4] 可以使用 AI 解析软件分析来自简历和其他来源的非结构化数据，并且输入有意义的数据字段。

这些数据被用来衡量并判断候选人是否适合特定的工作，然后准确地识别出理想的候选人，同时过滤掉不恰当的偏见。

如果初始数据集与业务目标充分相关，下一步就是创立一个收集更多同类数据的方法。理想情况下，这些额外收集的数据应当适用于机器学习过程，从而改进和提高人工智能决策的准确性。在上述招聘活动的案例中，Word 或其他格式的简历，可以通过应聘者提交的在线求职申请表格、后续招聘人员与应聘者的沟通，甚至是社交媒体上的公开帖子来进行补充，而全部过程都在招聘机构或人力资源部门监管中。人力资源部门会对这些信息进行反馈，并且确认或修改人工智能做出的工作匹配决定。这一过程不仅能够增加数据样本，还能够改进人工智能今后的选择机制。

请记住，如果想要建立一个可靠的人工智能模型，初始数据集不必非常庞大，正如斯坦福大学教授吴恩达在 2019 年指出的：[5]

> 即使没有“大数据”，你也可以创造价值，因为海量数据的作用往往被过分夸大了。有些公司，比如其提供网络搜索服务，用户会进行长尾查询（通过更多关键字进行查询），因此拥有更多数据的搜索引擎确实会表现更好。

然而，并不是所有的公司都拥有这么多数据，也许只要有100至1 000条数据记录就可以建立一个有价值的人工智能系统（当然多了也无妨）。不要因为你在某个行业拥有大量的数据，就相信人工智能团队能够想出办法将这些数据转化为实际价值，进而选择一个项目。这样的项目往往无法成功。重要的是，从项目开始前就应当探讨人工智能系统如何创造具体的价值。

执行数据项目的最后一步，就是创立一个衡量结果的可靠方法。在第七章中，我们讨论了如何通过提出与实际业务相关的问题，来评定数据项目的商业价值。如果这些问题或目标在本质上是客观的（例如，在上面的案例中，数据项目减少了搜寻合格求职者的时间），那么衡量项目的商业价值就会很简单。其他更加细微复杂的问题可能也是应当提出的，但应该谨慎地衡量这些目标是否已经实现。

正如我们在上一章中所阐释过的，确定数据项目的重要性，要通过将数据DVI的评级分数与BVI的评级分数相乘来得出一个数字分数，也就是数据性能指数（DPI）。这让我们有了一个简单的，也许是过于简单的公式，来判断一个应用了数据和人工智能的项目是否成功，即一个成功的项目，其经过评估得到的DPI，必须等于或大于其预期的DPI。

人们可能会凭借直觉假设数据的价值及其相关性，从商业角度来看，项目的价值也是如此。但是，在真实可靠的评估结果印证这些假设之前，该项目只能停留在推演阶段。

一、谨防凭空揣测

我们在评估以数据为中心的项目结果时，总是容易陷入一种误区，就是受到自己错误认知的过度影响。正如心理学家丹尼尔·卡尼曼精辟地指出的那样，[6] 人们往往会根据下意识的偏见而非有意识的逻辑推理得出结论。一些商业和技术领导者的出发点是好的，但他们也不例外，原因很简单，他们都是普通人。当涉及以数据为中心的项目时，有可能出现的错误包括以下方面。

混淆相关关系和因果关系。人们总是希望看到积极的商业成果，但当它与以数据为中心的项目在同一时间发生时，人们往往容易草率地判断这两者之间存在着直接的因果关系。事实是，在许多涉及数据的案例中，相关关系不等同于因果关系。在动态指示表或摘要报告中，使用可视化的形式展示数据时尤为如此。人们往往会试图在周围的世界中找出一些规律，即使这些规律没有任何真正的意义。如果两个数据点或趋势线在视觉上是相似的，有五种可能的解释，其中就包括这种相似性只是一个巧合。[7]

但这并非意味着表面看起来或其他层面的相关性无关紧要。相反，应该谨慎对待这种相关关系，并探究其中是否存在因果关系。爱德华·塔夫特恰当地总结了这种关系："根据经验观察到的共变性（相关性）是因果关系的必要条件，但不是充分条件。"他指出："相关关系不能等同于因果关系，但它肯定是一种暗示。"[8]

一定要意识到可能存在着会对结果产生影响的其他因素，并适当地权衡所有因素的影响，当然也包括数据驱动因素。好消息是，能够自动调整的人工智能解决方案更有可能准确识别出因果关系。在复杂的现实世界中，不能完全排除不相关因素或意外原因的影响。

确认偏误。卡尼曼和其他心理学家提到过一个古老的逻辑谬误，即个人有选择性地收集或倾向有利的证据，支持自己已有的想法或假设。经验丰富的商业和技术领导者都很清楚这个问题，而且许多人都会努力避免它。然而，由于我们都是普通人，在评估数据驱动项目的结果时，这种谬误仍然是一个问题。

已发表的研究表明，确认偏误与证据的权重有很大关系。一项研究提道："参与者倾向于使证据的解释达成一致（即证据支持哪一种假设），但同时会赋予证据不同的重要性。因为他们会更重视支持他们假设的证据，而不那么重视否定他们假设的证据。”[9] 这项研究还指出，被称为“竞争假设分析”的过程可以显著减少偏见，这些偏见往往来自缺少信息分析经验的参与者。

这种特殊的认知偏差并非只会发生在希望得到积极结果的商业领袖身上，它也会影响技术领导者。虽然数据的本质是客观的，但数据科学的产生源于人类的努力，需要人类的干预和主观理解。然而，如果原始数据集及其结果是由两个或更多的数据科学家进行独立分析，则可以减轻确认偏误带来的影响。其他预防确认偏误的措施还包括定期探讨相互矛盾的假设，重要的是，在公司的数据科学团队中融入更多元化的人才。[10]

对于参与人工智能项目的商业领袖来说，也有一些用来识别和避免确认偏误的基本准则。[11] 其中就包括“全部都是好消息”这一现象。如果评估项目后只得出了积极结论，完全没有任何消极的可能性，那么一定要有所怀疑。如果报告的评估标准有一定局限性或并不明确，同样应当产生怀疑。（记住，第四章中探讨过的合乎道德的人工智能的定义，[12] 其中就包括透明度，即人工智能系统必须提供可以由人工主管部门进行审查的满意解释。）

其他认知偏差。当评估一个特定项目的结果时，可以通过各种方法的组合来减少正常的认知偏差，如框架思维和沉没成本。一种方法是建立某种同行评议的环境，允许其他人对基本假设和数据的重要性提出质疑。另一种方法是事先制定基本规则，确定用数据可以证明什么以及不可以证明什么。

然而，想要避免认知偏差，最重要的堡垒是建立一个健康的、以任务为导向的企业文化。正如第三章所述，达美乐比萨公司认为，揭示失败和缺陷的数据与彰显成功潜力的数据都有其价值。健康的企业文化不能建立在盲目的乐观主义或是对失败的恐惧之上，这两种情绪是导致认知偏差的主要诱因。高效的人工智能项目必须让数据来引导假设，而不能主次颠倒。

二、评估和行动的标准

在评估人工智能或数据分析项目的结果时，有两个相互独立但又相互关联的标准需要考虑。一个是纯技术性的标准。人工智能和机器学习在处理体量非常大的数据集时最为高效。当涉及处理能力和处理速度时，这些技术也是资源密集型的，而且可能成本很高。幸运的是，有一些新兴的性能基准，可以用于量化和评估这些系统的性能。[13] 其中之一就是 MLPerf，它在早期研究中展现出了长远的前景[14]，并将使数据专业人员更容易评估机器语言技术的工作效率。

所有的现象都表明，许多公司都需要速度更快、更可扩展、更节能、更经济的硬件和软件。2019 年，人工智能与机器学习领域的先驱吴恩达指出："人工智能正在改变多个行业，但要发挥其最大潜力，我们仍然需要速度更快的硬件和软件。"[15] 事实证明，传统的使用大型服务器的数据分析方法很可能超出了大多数公司的能力范围。但幸运的是，云计算为公司获取所需的计算能力提供了一个更加经济的途径，使小公司也有能力"以小博大"取得大成就。[16]

运行情况良好的人工智能和机器学习项目，其准确度通常很高。然而，对准确性的要求因情况而异。对于医院、航空公司和汽车内置应用（想想自动驾驶汽车），人工智能和机器学习的模型必须非常准确，并在人类的监督下不断改进。但对于分析结果影响不那么大的领域，如客户服务、产品销售和市场营销，甚至新产品开发，对准确性的要求就没有那么高了。

如果不采取措施确保人工智能项目的透明度和可扩展性，过度关注其准确性可能会起到反作用。[17]"准确性谬论"可能会分散研究人员对其他因素的注意力，比如人为因素，当然还有整体的商业价值。美国数据科学咨询公司 Gramener 的联合创始人加内斯·凯萨里（Ganes Kesari）就提到过："即使是一个'错误'的模式，也能做到改变你的业务。"[18]

此外，准确性不是一个单一的衡量标准。包括准确性在内，一共有四个有用但是难以解释的统计指标，包括如何处理误报信息。和其他涉及数据科学的问题一样，这些数字必须在商业背景下进行评估，而不能将其过度简化以证明先前的观点。[19]

人工智能项目的非技术性衡量标准当然就是商业结果。如果事先已经明确评定了项目的数据性能指数或 DPI，那么就有一个简单的标准需要满足。但为了更详细地分析结果，我们必须回到第七章中介绍过的数据画布模型。

三、产品开发

可以从三个方面评估数据项目的结果。一个是新的或修改过的产品或服务的开发情况。普华永道发现，使用人工智能和机器学习进行新产品开发的公司（它们也被称为“数字化之王”），在通过研发新产品和新服务创造收益这方面明显领先。[20] 产品开发的多个领域都是如此，[21] 包括：

- 概念和规格，其中过程模拟和社会倾听都发挥着重要作用。
- 设计和开发，其中包括数据分析、人工智能和敏捷流程的有效结合。

- 测试和上市，其中数据分析和人工智能已经被证明是最有效的工具。

包括微软[22]、甲骨文[23]在内的主要技术公司，已经通过创建人工智能实验室来帮助其他公司（以及它们自己）进行高影响力项目的实验，并进一步开发自身的人工智能应用能力。许多这样的实验室也提供了一个数据市场，使模型和数据集可供重新使用。

人工智能研究实验室还通过在生物技术等需求较多的行业招聘和培训更多的人才，来应对人工智能行业专业人员短缺的问题。[24]

这个过程从调研客户偏好 / 体验数据（无论是正面的还是负面的）开始，这些数据可能会发现潜在的机会，也可能会发现妨碍更广泛地应用新技术的不足之处。一旦发布了新产品或推出了新服务，收入的变化只是衡量项目成功或失败的标准之一。客户的反馈，特别是客户购买了人工智能系统推荐的商品之后的反馈，可以提供更多数据来指导产品开发，或者，如果基本前提被证明是错误的，就可以彻底转变产品开发的方向。

这种客户反馈不能仅限于产品发布后的新数据。在开发过程中，依靠已知的客户偏好模式，也可以用同样的过程来验证假设并调整产品或服务的设计。使用人工智能和机器学习来进行这个过程的好处是，如果以正确的方式应用，它可以让开发团队通过模拟提前“看到”客户可能出现的反应。它还可以通过以自动化的方式进行常规分析，大大缩短开发过程，让产品或服务的开发者有机会发挥更大的创造力。

四、客户获取

客户留存和获取新客户，是人工智能可以产生重要的、能够衡量的结果的另一领域。在客户“消费之旅”的每个阶段，从认识品牌、产生兴趣到产生消费意向、进行实际消费和忠诚度逐渐提升，公司都可以通过人工智能和机器学习提高各方面的能力，包括识别客户偏好、客户体验个性化，简化客户转化过程，并在客户消费后鼓励其反复购买产品。[25]在过去的10年里，数字营销的各个方面都经历了高德纳公司所提到过的“技术发展周期”，而对客户消费之旅的分析目前正处于外界期望值膨胀的顶峰。

然而，高德纳宣称，尽管市场营销领域的人工智能可能需要5到10年的时间才能达到一般商业领域的“生产力成熟期”，但从长期来看，它蕴含着巨大的价值。高德纳的高级总监分析师指出，深度学习等人工智能支持的技术，是“市场营销从业者从非结构化数据中获得市场洞察力，并使用人工智能生成新的营销内容的最有效的方式”。[26]

然而，企业不应该坐以待毙，等到其他公司都应用人工智能进行营销活动时才采取行动。到 2016 年为止，线上礼品零售品牌红气球（Red-Balloon）在过去的 15 年一直遵循着传统的营销方式，并且取得了相当可观的成果。但是，它获得新客户的成本也在急剧攀升，已经从每个客户 5 美分上涨到了 50 美元！该品牌的营销团队使用相同的策略优化搜索引擎，但缺乏新意的营销活动能够触及的受众也是相同的，因此成功转化的新客户越来越少。随后，在 2017 年，该公司开发了一个由人工智能驱动的营销平台“Albert”，就此改变了公司的营销方式，在一个月内将客户获取成本降低了 25%。[27]

首先，红气球的营销部门使用人工智能平台来处理该公司的大型数据库，其中涵盖了产品交易与客户互动的相关数据。为了提高整个公司营销活动的搜索性能，营销部门从该数据源中确定了 6 400 多个关键词。然后，营销部门没有使用前一年的归因模型直接在各个媒介平台投放广告，而是通过新系统对这些模型进行实时测试和重测，以证明或推翻它们，并找出了最能有效触及目标客户的方式。该系统还识别出了高价值的、以前没有发现的目标客户。

通过将营销人员从重复耗时的任务中解脱出来（如研究关键词和手动执行搜索活动），人工智能平台让他们有更多的时间和精力进行更具创造性和战略性的活动，比如努力触及人工智能已经发现的高价值目标客户。

使用人工智能识别和吸引新客户的做法彻底改变了该公司的数字营销前景。这种做法改变了公司的营销重点，之前的营销目的是与潜在客户中的极少一部分人“完成交易”，现在转变为吸引和培养更多目标客户。事实证明，这种做法在社交媒体方面特别有效，该公司对人工智能的使用使脸书平台的营销活动转化率提高了750%。

NoGood也有许多其他应用人工智能的案例（在市场营销、客户获取和其他“力量”类别中）。这是一家位于纽约的公司，其创始理念是通过创造力和数据科学实现指数级的商业增长。该公司的创始人兼首席执行官穆斯塔法·埃尔伯莫维（Mostafa ElBermawy）指出，传统的营销工作往往因为没能善加利用从用户交易和行为中收集到的大量数据（包括结构化和非结构化的数据）而错失商机。

埃尔伯莫维最近还提道：“传统的营销活动往往集中在提高品牌知名度、获取新客户和刺激客户购买方面。而借助数据科学，营销人员可以深入用户留存、提高收入和产品推荐的层面。”他接着强调了由人工智能驱动的营销策略的核心原则：“企业可以通过使用一些机器学习和人工智能手段来预测新客户的终身商业价值。”[28]

NoGood 采用的方法植根于可靠的数据科学，他们将其应用于多个营销渠道和领域。

“我们做出的每一个决定，都遵循数据相关的科学方法。”埃尔伯莫维在最近的一次采访中说道，“我们提倡科学思维而绝非运气，所以每一个假设都要建立在实际观察的基础上。我们会问，你根据什么标准来决定放弃方案 A 转而选择方案 B？数据是如何支持这种假设的呢？你要改变的变量是什么？你的对照组是什么？你衡量成功的标准是什么？无论是与大公司合作时处理大量的数据点，还是与试图弄清产品市场匹配度的小型初创公司打交道，我们所做的每个决定都需要经过这样的思考。这就要求我们在收集数据、构建数据框架、组织数据内容以及进行数据可视化的过程中都要遵循相关原则。”

埃尔伯莫维还指出了在评估由人工智能驱动的营销结果方面可能会面临的挑战。首先，数据驱动的广告、搜索推荐和入站营销平台往往会列出过多的信息。

“全世界每个广告平台都希望吸引营销人员投放广告，”他说，“他们会做一个花里胡哨的指示板并且给你一堆数据。从本质上讲，你只是购买了看待所有变化的不同视角。数据指示板确实很吸引人，也很有趣，但在大多数情况下，你只是被迷惑了。如果你不专注于公司的一个或两个主要衡量指标，那么图像化的度量标准只会害了你。”

在营销活动领域，数据科学的主要作用是将所有数据的重点缩小到有限数量的、能够推动实际进展的内容。然而，他也指出，这个过程可以是艺术和科学的结合。

他说：“我们所做的很多事情都基于实验。当有太多的变量需要处理时，你需要应用宏观实验，从统计的角度，减少你需要衡量的变量数量。但是，不要过于痴迷数据，免得患上‘分析瘫痪症’。记住，就像我们用来做出合理商业决策的所有其他工具一样，数据也只是一种工具。有时候仅凭数据是无法解答问题的，在这种情况下，你就需要依靠经验的指导。你需要向曾经尝试过解决这个问题的人提问，还需要扩大你的知识范围以及加深你对这个问题的理解。你永远不应该仅仅因为它是一个‘完美’的数据集而依赖你碰巧拥有的数据。”

五、定价和成本

另一个可以衡量人工智能解决方案力量的领域，是你如何为你的产品或服务定价，以及供应这些产品或服务的成本。在第五章中，我们讨论了利用人工智能提高成本效益通常会被视为一种“优化型”战略，谨慎保守、规模较大的公司往往会应用这种战略。但无论事实如何，利用人工智能来确定产品定价和成本的策略，都适用于任何企业。

如今，人工智能可以通过三种方式指导企业给产品定价。[29]一种是更精准地降低“关键价值商品”的价格（也就是那些对价格比较敏感的客户很喜欢的商品），同时提高其他产品的价格，以弥补差额，提高利润率。

一方面，依靠传统的经验规则应用这种定价策略可能存在着风险。有些公司仅仅会与竞争对手的收费持平或者在成本上增加固定的利润，这种做法在通货膨胀时期尤其不可取。另一方面，人工智能可以实时识别多种产品之间的模式和关系，让公司给销量受价格影响较大的产品打折，给销量受价格影响较小的产品加价。[30]它甚至让公司能够进行测试和模拟，给一种产品轻微提价会如何影响整个产品线的销售情况。

人工智能影响定价的另一种方式是，极大地扩展了用于分析当今无数产品和服务的数据集。除了传统的交易数据，人工智能系统还可以解析多种来源的非结构化产品评论和社交媒体数据，提供人工无法收集的有意义的见解。

根据波士顿咨询公司在 2021 年发布的一份报告，[31]即时应用人工智能解决方案最有前景的领域就是产品定价，一定程度上是由于产品定价在 B2C 和 B2B 公司都已经拥有了丰富的数据环境。该报告基于麻省理工学院和波士顿亨德森研究所的全球调查，表明一旦将人工智能应用于产品定价，公司的息税折旧摊销前利润（EBITDA）可以提高 2% 至 5%。

报告指出，员工也更容易接受基于人工智能的定价方案。人工智能通常会为定价团队提供用户友好的工具，应用这些工具需要定价团队的专业知识，这也肯定了定价团队对公司的价值。人工智能将公司定价人员从单调、重复的工作任务中解放出来，使他们能够处理更重要的任务，追求更长远的目标。这样一来，基于人工智能的定价系统可以为应用其他人工智能方案铺平道路，使人类和技术可以协同共进。

正如人工智能可以改进定价过程一样，它也为预测和规划成本提供了更高效的工作流程。德国成本管理软件开发商FACTON 发布的一份白皮书称，[32] 人工智能有可能“通过在早期阶段预测影响成本的变化，将全球市场波动的风险降到最低”。通过分析多个来源提供的结构化和非结构化数据，公司更容易预测供应链的变化，并提前准备好应急措施以降低损失。

产品、客户和价格 / 成本这三个“力量类别”中的每一个，都能提供可衡量的结果，使公司可以重塑其商业模式并实现指数级增长。它们还可以解决市场条件、产品交付或供应链等方面的问题，这也是首选人工智能解决方案的原因。最重要的是，它们为在整个企业中推广人工智能的应用创造了条件。

六、扩大人工智能的应用规模

在本书前面的部分，我强调了优先选择一个人工智能项目的重要性，而不能试图从一开始就同时进行多个项目。这不只是为了防止 IT 资源过于分散，尽管这确实是主要的问题。更重要的原因是，让你的企业或非营利组织为扩展人工智能和机器学习的应用范围做好准备，以实现更远大的变革性成果。

在第三章中，我介绍了欧莱雅的“互联美容孵化”部门，其唯一的工作重心就是使用数据和人工智能来指导产品开发，提高业务绩效，并以更妥善的方式利用智能设备。人工智能创新实验室正在兴起，为人工智能技术和应用创造了“卓越中心”。对于没有大量人工智能预算的中小型公司来说，这已经采取了针对特定行业领域的“洞察即服务”的形式。[33]

为了说明一个成功的人工智能项目如何能在整个公司扩大人工智能技术的应用范围，我必须引用吉姆·柯林斯（Jim Collins）的优秀作品《从优秀到卓越》(*Good to Great*)。[34] 他描述了在最初的努力工作之后的“突破时刻”，在这个时刻你会感受到积累的动力带来的好处。

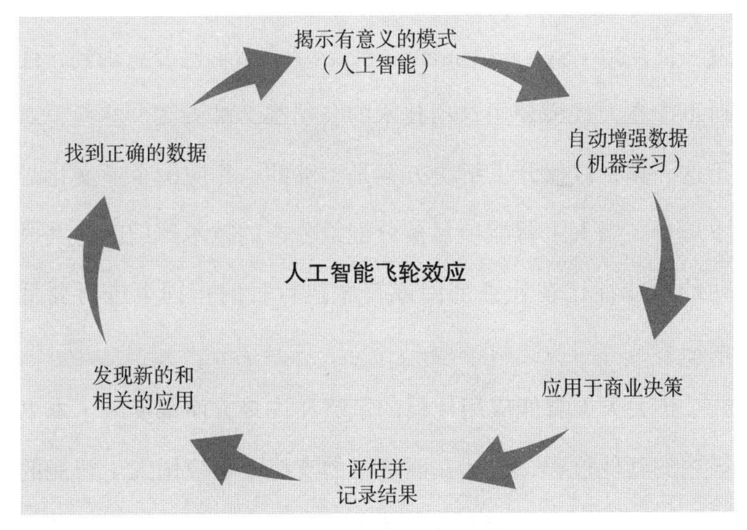

图 8.1 人工智能飞轮效应

注：将人工智能应用于更广泛的、新的相关商业活动，会将早期项目带来的动力扩大到整个公司，使公司能够更容易地实现自我重塑。

对于人工智能和机器学习的应用来说，最初的努力过程确实很艰辛。如第七章所述，仅从足够多的数量和足够高的质量上看，寻找正确的数据也通常具有挑战性。

但是，当一个高 DPI 项目的结果得到了具体评估并且在公司内部广为人知时，更多员工将发现有必要复制这一成功模式，并以全新的信念来重复这一过程。

扩大人工智能的应用规模的好处是毋庸置疑的，但实现这一目标的方法还不那么确定。2019 年，波士顿咨询公司解释了为什么每 10 个人工智能项目中就有 7 个是失败的，并提出了当今企业面临的问题。参与这项研究的顾问之一西尔万·杜兰顿（Sylvain Duranton）说："高管们已经意识到，任何不能在大规模使用这项技术的公司都会被淘汰。然而，对于这一点，仅仅开发解决方案是不够的：相应的企业文化必不可少。当人工智能项目被分配给公司的技术部门时，其成功的可能性比在业务部门或首席执行官的指挥下进行要低两倍。"[35]

扩大人工智能应用规模的策略在许多方面都反映了本书描述的其他过程，包括在高管层的支持下将应用人工智能的过程固定在业务目标中，落实清晰明确的组织结构和管理方式，以及构建具有综合能力、紧密联系的团队。[36] 另一些人则强调从最佳应用案例开始的重要性，并"确定您将在此过程中面临哪些挑战以及如何解决它们”。[37] 这些策略都有其优点，但也许最好的建议是重新审视我们当初为什么要着手开展基于人工智能项目。

在 2020 年发表在《哈佛商业评论》的一篇文章中，[38] 作者阿西娜·卡尼乌拉（Athina Kanioura）和费尔南多·卢奇尼提出了一个较为激进的解决方案，就是扼杀所有的“概念验证”（POC）人工智能项目，而只进行落脚于现实的项目，即使一开始这些项目的规模比较小。他们的研究结果表明，那些扼杀 POC 项目的公司尝试将人工智能项目的应用规模扩大两倍，并最终成功地在项目的试点和全面部署上都花费了更少的资金。他们对 1 500 名企业的最高层管理人员的调查报告显示，这样做的结果是“与表现不那么好的同行相比，这些公司在人工智能方面投资的回报几乎是 3 倍”。作者还指出了推行 POC 人工智能项目的一个根本性问题：

> 比方说，一家公司留出 6 个月的时间来建立一个客户体验优化平台，作为改善客户服务的概念验证。他们启动并运行这个平台，确认它是有效的（就像以前很多公司做过的那样），然后将这个平台应用到实际执行过程中。他们的错误在于：他们证明了一个概念在技术上是可行的，却没有用哪怕只一个小时去思考将其投入实际执行过程中

所需的条件、模型风险、数据偏差、数据隐私或道德考虑。结果是什么呢？他们只会让自己的公司陷入技术债务，因为他们从一开始构建这个平台的时候，就没有考虑到大规模推广的问题。

两位作者接着阐述了为了解决现实世界的问题，如何建立成功的人工智能项目。项目首先要有正确的测试和开发结构，[39] 包括数据基础、人才、组织和道德框架。这些公司完全可以跳过概念验证阶段，创建一个最小化可行产品（MVP），并在实际条件下进行测试后，扩大项目的范围。

对于扩大人工智能应用范围而言，另一个至关重要的因素是开源代码库和其他有价值资源的存储库正在不断扩大，微软子公司 GitHub 就是一个例子。尽管不是完全没有安全隐患，[40] 这种可重复使用的代码库可以为人工智能开发团队节省大量时间，并为全球的数据科学知识做出贡献。

无论用什么方法和协议来选择、评估和扩展我们的人工智能和机器学习项目，有一件事是肯定的。这些项目将永久性地改变我们工作的方式。

第九章

未来会怎样

仅仅32年前，蒂莫西·伯纳斯－李（Timothy Berners-Lee）爵士在位于瑞士的欧洲核子研究中心开发出世界上首个Web服务器[①]。他开创的万维网很快就开始提供组织清晰、相互连接的可视化互联网界面，而虽然互联网在几十年前就已经诞生了，但在万维网发明之前，互联网只是一个分散的计算机网络而已[②]。

经过整个20世纪90年代，这种互联的、可视的，但本质上又是独立的、结构化的和孤立的数据源的组合，成为我们现在所说的“Web 1.0”。它是当时整个IT行业的镜像，在当时的IT行业，结构化的、彼此独立的数据孤岛是一种常态

---

① 如果你感到好奇，该网站仍然可以在 http://info.cern.ch/hypertext/WWW/TheProject.html 上查看。

② 万维网和互联网是相互关联的，但不完全相同。互联网是美国国防部在20世纪60年代提出的一项倡议，旨在创建一个由相互连接的计算资源组成的分布式网络，在遭受核攻击时不那么容易受到伤害。

（而且现在也往往是如此）。当时的网络只是从分散的数据源中获取数据，再单向馈送给个人用户供其使用，而且网站在形式上通常是孤立的、单独的页面。这也是我们现在所周知的电子商务现象的开端。[1]

在本书中，我一直在强调超越这些孤立的、分散的数据孤岛，以及实施更好的数据管理和 MDM 实践的重要性。这些措施都将为运用高效的人工智能、机器学习等技术奠定基础。从根本上而言，我提倡公司和非营利组织采用在过去的 20 年已经成为标准的做法，即数据的集中化，最终将所有数据集中到一个足以容纳它们的“容器”中，也就是云。在此期间，我们对“数据”的理解也发生了变化。文本、图像和视频形式的非传统非结构化数据，已经使大量分门别类的结构化数据相形见绌，这些数据都是人类日常活动的一部分。正是因为有了足够的数据，人工智能才有可能发挥作用。

在万维网 / 互联网领域，这种数据集中化的趋势被俗称为“Web 2.0”，我们不仅可以查看数据，也与数据互动。这种动态的双向数据交互的典型特征是，用户会生成大量的内容、社交联结性和双向互动性。[2] 然而，这并不局限于个人在油管或脸书上分享生活经历。在软件即服务模式下，各种规模的企业和非营利组织都越来越多地将其现场数据业务迁移并集中到云端。与此同时，像谷歌和亚马逊这样的主要参与者正在为了达到自己的目的聚合所有数据，同时正如第六章中提到过的人工智能项目，这些公司也将收集到的数据作为社会情绪分析的“燃料”。虽然为一个流行的视频“点赞”和为一个成本高昂的人工智能数据项目提供分析素材之间存在着巨大的经济差异，但其基本的数据原则是相同的。

一、数据集中化的隐患

虽然数据集中化对人工智能和机器学习项目的成功至关重要，但它也存在风险。

大部分用于检测用户行为模式的数据被大型科技公司垄断，包括谷歌、Meta、亚马逊和许多其他公司都会这样做以获取经济利益。从根本上而言，这并非对数据的不良使用，但正如第四章所讨论的，这种垄断可能会导致公司未经本人同意，甚至违背本人意愿就不负责任地操纵和使用这些数据，以攫取经济利益或政治权力。

数据垄断会产生广泛的不利影响，有可能扩大贫富差距和机会差距、剥夺公民权，甚至在很多情况下，造成真实的人身伤害。但正如许多悲剧（或仅仅是恶性）的事件所证明的那样，仅仅发布数据隐私条例，还有以道德 / 负责任的方式使用数据的最佳方法肯定是不够的。简而言之：深思熟虑的、出于善意的政府制度或行业政策，也无法阻止数据掌控者利用集中的数据达到自己的目的，这些目的有时甚至会造成危害。

各个公司在保护数据隐私方面所做的努力也不尽如人意。最近，苹果公司宣布改变其IOS智能手机的应用程序跟踪透明度框架，让用户选择是否允许应用程序收集数据，而不是默认允许，这成了头条新闻。[3] 提倡保护隐私的人们为此欢欣鼓舞，而据报道，分析用户行为数据带来的广告收入将会因此受到影响，像谷歌和Meta这样的竞争者对可能损失这部分收入感到震惊。然而，康奈尔大学的分析员最近的研究结果显示，这项措施对改变现状收效甚微。虽然小型广告商的收入受到了影响，但包括苹果在内的大型科技公司仍在进行各种形式的用户跟踪和侵入性数据操作。研究结果还表明，“虽然现在追踪个人用户变得更加困难，但对于拥有大量第一方数据（直接从受众那里收集的数据）的公司而言，这些变化增强了其现有的市场力量”。[4]

二、人工智能和数据分散化

幸运的是，大数据的集中化和统一化带来了人工智能，而人工智能正在成为解决方案的一部分。这是因为人工智能是“Web 3.0”或者说“Web3”现象背后的驱动力。

很难将 Web3 的现实情况与夸张的说法区分开来。伯纳斯－李本人首先将 Web3.0 描述为主要集中在语义网，[5] 主要处理“机器对机器”的协议互联网。然而，这个概念已经被广泛地扩展，包括了一般网络和一般数据应用的分散化。

Web3 包括许多新的技术，其中每一种都需要专门的书籍。虽然已经有了几十本这样的书籍，但 Web3“极端分散化”特征的顶层概述，对于人工智能和数据的实际应用领域还是意义非凡。

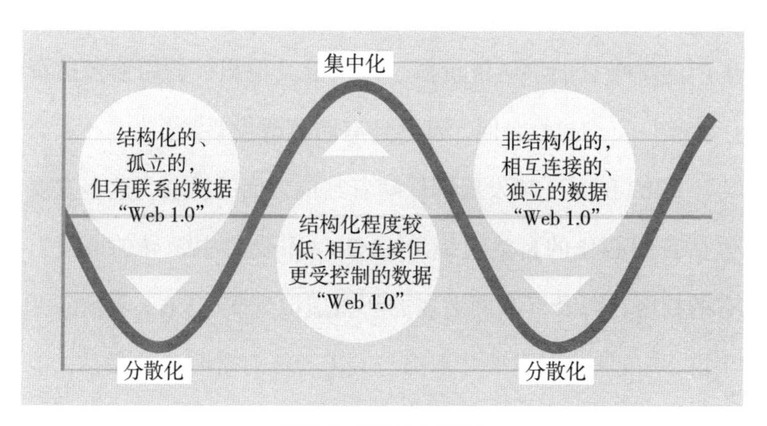

图 9.1 数据力量循环

注：人工智能是主要的、分布式的或分散管理的技术产生的诱因，其中就包括区块链。

第一个是区块链，由于其极具新闻报道价值的副产品——非同质化代币（NFT），区块链也是最具争议性和容易被误解的应用领域。

但除了天花乱坠的媒体宣传之外，区块链代表了一种根本性的转变，即从集中式的数据控制转向分散式的自主控制的数据。通过为每个数据事件创建一个加密的分布式交易“账本”，区块链有效地省去了中间环节，可能会提供更高的准确性和效率，以及理论上更高的安全性。[6]

虽然加密货币和 NFT 抢占了区块链宣传的大部分版面，但正如第四章所叙述的那样，区块链也有更加良性的用途。在提高以可持续的方式种植的咖啡豆质量的人工智能计划中，Coda 咖啡的经营者依靠区块链来监测和证明以可持续的方式生产的咖啡豆的供应链价值。区块链其他积极的用途包括资产转移、自动执行合同，甚至还有防篡改投票。

Web3 的每一项发展都伴随着其他方面的发展。这些发展包括去中心化的自治组织（DAO），不受集中领导的成员自有的社区，以及互联网潜在的新型虚拟现实（VR）界面：元宇宙。[7] 虽然这些发展并不都与人工智能有着明确的联系，但 Web3 的出现应该为那些计划开展长期的人工智能和数据战略的公司敲响警钟，因为其中绝大多数的公司仍然沉浸于 Web 2.0 的时代。

在这个简短的总结中，对于人工智能的支持者来说有三件最重要事情值得注意。

- 第一，Web3 意味着数据自主权，也就是赋予数据所有者权利。通过数据加密、验证、组织结构（通过 DAO），甚至我们感知人和概念的方式（通过 VR）的去中心化，我们将自己从传统权力中心的不当控制和干涉中解放了出来。虽然不良分子滥用 Web3 系统的可能性非常大，但我们同样也有可能以新的、有效的、有益的方式利用数据自主权。
- 第二，Web3 和人工智能是密不可分的。分散的、由数据驱动的环境会带来许多错综复杂的问题，就人类而言，无论多么有才华，出发点多么好，都不可能做到处理好所有这些问题。（说实话，在传统的 IT 领域，我们几乎无法做到这一点。）要在 Web3 的世界中前行，需要一个以人类目标和道德为指导的程序，这个程序可以快速模拟人类的决策，从结果中学习并进行自动调整以满足新情况的要求。其中一种新情况是，数据分散化的过程将使许多仍然依赖 Web 2.0 模式的公司处境变得越来越困难。而人工智能可以帮助这些公司过渡到 Web3。
- 第三，数据分散化对于建立和扩展有效的人工智能项目至关重要。第八章部分讨论了大规模应用人工智能和机器学习的重要性。但随着 Web3 进一步

> 推动了数据分散化和数据自主权的进程，获得人工智能所需的数据“燃料”将越来越困难。即使如第六章所述，合成数据正在增加，公司也必须以更明智的方式获取有着足够质量和数量的正确数据。然而，那些将人工智能和机器学习项目建立在分散的、基于 Web3 数据上的公司，将更容易扩大规模，并实现“飞轮”级别的发展势头。

三、创新重塑世界

如果你现在感到头晕目眩，其实是可以理解的。即使是经验丰富的数据科学家，有时也很难解释这些快速发展的技术有多么复杂，也很难理解其所有方面的商业价值。好消息是，我们都曾经历过这种情况。Web 最初的“1.0”迭代曾经使许多人感到困惑，直到我们开始在现实世界中发现其带来的益处。总有一天，我们会在回首往事时发现这一切都是发展的必经之路。

本书的前四章讨论了好莱坞影片对人工智能的许多过于简单化和误导性的概念，当然，但愿这些概念是错误的。关于人工智能，我们应该关注的不是机器人能否与人类成为朋友，或者它是否会毁灭人类。而是一旦我们解除恐惧和误解，这种令人惊讶的技术将会如何帮助我们实现伟大的成就。我们人类自身的缺陷可能会导致我们误入歧途，或是对他人造成伤害。技术使这些伤害有可能发生，但技术并非造成这些伤害的原因。要记住的是：正如人工智能和机器学习已经在推进积极的事情，区块链、DAO 甚至是元宇宙等相关技术也会如此。

就像我们对人工智能的恐惧和误解阻碍了我们以恰当的方式应用这项技术一样，我们对区块链、元宇宙和其他技术的误解也会阻碍我们发挥这些技术真正的潜力。如今，不可否认，有不良分子会利用这些技术犯下欺诈和恶意行为。NFT 和加密货币就是最好的例子，应当承认，NFT 涉及 80% 的欺诈性作品。[8] 而由于肆无忌惮的外界揣测，以及媒体宣传比特币被广泛用于为犯罪活动买单，比特币本身就笼罩在争议之中。（虽然过去的确发现了非法使用比特币的情况，但最近的一份报告得出了结论，截至 2020 年，所有加密货币交易犯罪所占的份额已经降至 0.34%。[9]）NFT 和区块链开始对企业产生潜在的益处，因为它们可以通过可靠的方式验证服务合约和用户忠诚计划等内容的可靠性。[10]

在第四章中，我们发现区块链（与人工智能相结合）除了被过度宣传的用途之外还有很多用途，包括为企业记录经过验证的交易（在引用的案例中是可持续农业）。

四、我们如何向前迈进

到现在为止，我希望这本书已经为你提供了一张路线图，能够指引你的企业或非营利组织顺利在数据科学的世界中穿行，对于常人而言这个世界往往是令人困惑的，而这本书可以作为你实现非凡成果的盟友。为了总结所有内容，让我们概括一下基本原则和规则，它们适用于现如今的人工智能和机器学习，也适用于未来可能出现的新技术。

- 保持并发展一种追求卓越的企业文化。在数据科学的基础上建立企业或非营利组织意味着以全新的方式思考。这对整个团队和其领导者而言都是一种挑战，但这个过程也可能是充满乐趣、意义非凡的。始终将鼓励和培养敢于冒险、乐于创新的“假设性思维”以及富有创造力的颠覆性思维作为优先事项。
- 保护好你的秘密武器。在为了行业的整体利益分享通用原则，或是将来之不易的技术拱手让人之间，有一条微妙的界线。当你成功地利用数据创造出了指数级增长的商业成果时（正如你将要实现的那样），要当心保护你的数据和方法，以防被那些想要不劳而获的人知道。

- 总是设定新的目标。在每一次利用数据取得成功之后，记得寻找下一座要攀登的高峰。无论你是想优化现在正在做的事情，还是想推出新的产品或服务，抑或是想颠覆现有的业务，总有新的方法可以使你取得成功。
- 计算成本和回报。你进行的每一个数据项目都需要做出改变、付出新的成本、雇用合适的人员，以及选择合适的战略合作伙伴。这些做法永远不会是成本低廉的或是轻而易举的，因此你要记住，推进这些举措的同时也要抓住可能存在的实际利益。
- 寻找“隐藏价值”。无论你的企业属于什么市场领域或行业分类，或者你的非营利组织需要克服什么困难，事情往往没有表面上看起来那么简单。永远不要满足于“我们一贯的做事方式”，而要寻找效率低下的地方和亟待满足的需求，并且提出相应的问题。你可以把这些问题都看作机遇，而在你的经验指导下，数据科学可以解决这些问题。
- 记住工具到底是什么。人工智能、机器学习，甚至是你现在认为有些稀奇古怪的技术都是强大的工具，但它们也仅仅是工具而已。这些技术并非具有

> 魔力，只有你知道如何恰当地使用它们时，它们才能发挥作用。

最重要的是，不要被错误的观念所阻挠。在大众的认知中充满了对数据科学负面的刻板印象，这部分是由于数据科学早期常常被滥用。但是，正如我们要学会克服像《终结者》和《她》这样的电影中对人工智能的偏见，我们也要学会利用这些新技术的真正潜力，并且努力实现与这些技术共同发展。

致 谢

这本书是我的心血，也是我作为一名商业精英和数据策略拥护者多年以来的智慧结晶。然而，仅凭个人努力无法完成一本著作，因此我要感谢许多人对我的帮助，是他们在我写作这本书的过程中启发、激励和协助了我。

要特别感谢我的同事、商业伙伴及相关的数据专家，他们中许多人的叙述和案例研究出现在了这本书中。他们是：朱莉娅·巴德梅瑟、卡梅隆·戴维斯、赛斯·多布林、莫斯塔法·埃尔伯马维、杰夫·加伍德、卡尔·格伯、苏珊娜·格林伯格、索瓦米亚·戈蒂帕蒂、维奈·乔哈尔、范达娜·卡纳、艾伦·尼尔森、特洛伊·萨里奇、温迪·圣裘德、詹内克·范·冈斯和卡蒂亚·沃尔什。

我还要感谢 WLDA 的其他成员，他们的支持和热情每天都在滋养我的灵魂，激发我的想象力。其中包括董事会成员：

迈克尔·金斯顿、艾伦·尼尔森、赛斯·多布林、斯科特·莫德尔、达拉·米斯、特蕾西·林、伊莎贝尔·戈麦斯·加西亚·德索里亚和蒂娜·罗萨里奥。我还必须感谢 WLDA 的企业赞助商埃森哲杰克·阿扎古里、利比·杜安·亚当斯和宝拉·汉森、雪佛龙、德勤、欧莱雅和莫仕，以及顾问凯文·亚当斯、凯蒂·戴维斯、史蒂夫·弗莱施纳、杰弗里·盖伍德和克利福德·肖尔。

其他 WLDA 成员有：阿迪塔·卡克拉、亚历山德拉·罗斯、安德里亚·马克斯特罗姆、安·约瑟芬·弗拉纳根、贝萨·鲍塔、巴蒂·莱、巴夫纳·梅塔、布伦达·菲亚拉、卡梅隆·戴维斯、卡尔·格伯、凯莉·科布、奇特拉·纳拉辛哈查里、辛迪·豪森、克劳斯·托普·詹森、丹妮尔·克罗普、达拉·米斯、德娜·贝拉克、黛安·施密特、艾琳·韦德林、埃尔菲杰·勒梅特雷、伊利莎白·库克、艾伦·尼尔森、艾琳·斯坦顿、加布里埃拉·德·奎罗斯、雅基·范德莱伊–格雷林、贾莱恩·乌尔什、简·崔、詹纳克·范·格恩斯、詹妮弗·舒尔茨、乔伊·米穆姆、朱莉娅·巴德梅塞尔、卡利亚尼·博杜帕利、卡马尔吉特·戈特拉、卡马伊尼·考尔、卡伦·埃文斯、卡什·帕特尔、肯德拉·伯吉斯、凯文·亚当斯、莉奈特·肯尼、琳达·艾伦、玛德琳·里昂、马库斯·戴利、玛杰丽·康纳、玛丽亚·拿撒勒、玛丽亚·维拉尔、玛丽亚·沃雷、玛扬卡·梅尔维尔、梅根·梅宁、梅根·安泽尔克、梅兰妮·布朗、梅勒妮·约翰森、梅丽莎·德鲁、迈克尔·卡贝拉、迈克尔·金斯顿、米歇尔·杜尼万、米歇尔·普斯、米科尔·波特、迈克·吉雷西、纳温·卡恩、尼基·哈雷、尼莎·帕特尔、佩吉·普洛格、佩吉·蔡、平克罗斯·汉密尔顿、雷切尔·里希特、罗斯玛丽·沃尔什、萨姆塔·卡普尔、桑迪·卡特、赛斯·多布林、雪莉·马库斯、斯蒂芬妮·佩罗内·戈德斯坦、索米亚·戈蒂帕蒂、苏珊娜·格林伯格、塔玛拉·乌瓦伊多夫、塔米·弗兰肯菲尔德、塔米·劳斯特、蒂莉莎·威廉姆斯、蒂娜·罗萨里奥、特蕾西·林、温迪·劳黑德和孙玉清。

特别感谢我在首席执行官辅导团队的同事：马克·摩西、杰森·里德、谢尔顿·哈里斯、唐·斯基亚沃内、杰里·斯温、吉姆·韦弗、克里斯·拉金斯、克雷格·科尔曼、辛西娅·克莱夫–兰德、戴维斯·索贝克、艾米丽·墨菲、格里·佩克尔、杰奎·哈特、杰米·科恩、吉姆·韦弗、凯文·亚当斯、列夫·贾菲、迈克尔·克劳斯、迈克尔·马奇、迈克·莫里斯、奥德马尔·阿尔梅达–菲略、帕斯卡·布罗奇耶、菲尔·沙利文、雷夫·威尔金森、拉蒙娜·卡佩罗、谢普·莫伊尔、史蒂夫·桑达斯基、特蕾西·特尔伯特、雷切尔·史密斯、肖恩·马根尼斯和海蒂·史密斯。

在本书的出版过程中，我得到了许多优秀人士的帮助。其中包括我的编辑和拍档约翰·帕森斯，我的文学经纪人吉尔·马萨尔，以及希瑟·金和她在Post Hill出版社的出色团队。

最重要的是，我要感谢我的两个儿子——米兰·萨克塞纳和席特哈尔特·萨克塞纳，感谢他们对我的爱与支持。

术语表

一、人工智能（AI）：是本书所描述的核心技术，对其他相关技术的阐释都在这项技术的基础上展开。人工智能利用计算机和其他设备来模仿人类大脑解决问题和做出决策的能力。它所涵盖的数据科学技术正在不断增多，其中就包括机器学习、深度神经网络、认知模拟和自然语言处理。它能够通过促进自主决策、问题解决、预测和行为分析以及高速进行模式识别来有效利用大数据。

二、大数据：包括已经储存的海量数据，也包括与产品、服务、物流、人员活动和人员行为（当然也包括在内）相关的任何业务中潜在的数据源。大数据的特点是数量大（现在在千万亿字节级别）、速度快（现在接近实时传输）和种类多，其种类既包括结构化数据（如表格），也包括复杂的非结构化数据（如图像和视频）。

三、云计算：也被称为雾计算或边缘计算，是对分布在多个相连服务器上的巨大共享池的一种比喻，这个共享池内包括大量可配置的IT资源和服务。云中的数据和应用程序可以为世界上任何地方的公司提供安全、按需、灵活和可扩展的计算能力（付费服务），以支持其全球和移动业务。

四、机器人技术和智能设备：包括广泛的数字控制机制，利用人工智能和大数据来执行有意义但重复性的功能。它们包括机器人和物联网（IoT）设备，用以执行重复性的或简单的任务，以及监测控制产品和服务的生产和交付过程。其他包括智能手机和其他设备，这些设备不仅能够收集用户行为数据，而且还可以利用这些数据来影响后续行为。生物特征检测设备具有类似的功能，但实际上是被植入我们体内以增强或提高人类的能力。

参考文献

前言

1 Lewis, Michael. *Moneyball: The Art of Winning an Unfair Game*. New York: W.W. Norton, 2011.
2 Sahota, Neil. "The AI Lords of Sports: How The SportsTech Is Changing the Business World." *Forbes*, October 25, 2020. https://tinyurl.com/yavhc7xf.
3 "What's After Terabytes and Petabytes? And when?" *Starry Blog*, July 30, 2019, https://tinyurl.com/483yytzc.
4 Houston, Peter. "Platforms Hold on to Overwhelming Share of US Digital Ad Revenue." *Spiny Trends*, November 19, 2021. https://tinyurl.com/3rbt4cdy.
5 "After Her Best Friend Died, This Programmer Created an AI Chatbot from His Texts to Talk to Him Again." *CBC Documentaries*. CBC/Radio Canada, November 17, 2021. https://tinyurl.com/58jpcysb.
6 "Millions Are Connecting with Chatbots and AI Companions like Replika." *CBS This Morning*. CBS Interactive, December 30, 2019. https://youtu.be/s2DSsrcLhFI.
7 Heikkilä, Melissa. "The Rise of AI Surveillance." *POLITICO*, May 26, 2021. https://tinyurl.com/hbz9rmx9.
8 Kraft, Amy. "Microsoft Shuts Down AI Chatbot After It Turned into a Nazi." *CBS News*. CBS Interactive Inc., March 25, 2016. https://tinyurl.com/sracvwp7.
9 Eitel-Porter, Ray, Medb Corcoran, and Patrick Connolly. "Responsible AI: From Principles to Practice." *Accenture*, March 30, 2021. https://tinyurl.com/yc43wxtj.

第一章　网飞和星巴克如何改变世界

1 Sun, Leo. "3 Top Artificial Intelligence Stocks to Buy Right Now." *The Motley Fool*, April 11, 2022. https://tinyurl.com/u7pyh94s.
2 Candelon, François, Bowen Ding, and Su Min Ha. "What do Starbucks, Tesla, and John Deere Have in Common? They've Used A.I. to Reinvent Their Businesses." *Fortune*, April 1, 2022. https://tinyurl.com/2p8k93b6.

3 Phillips, Matt, and Roberto A. Ferdman. "A Brief, Illustrated History of Blockbuster, Which Is Closing the Last of Its US Stores." *Quartz*, November 6, 2013. https://tinyurl.com/2p84wpfj.
4 Horton, Alex. "'Why Are You Still Here?': Inside the Last Blockbuster in America." *The Washington Post*, July 16, 2018. https://tinyurl.com/y8x8fkb7.
5 O'Brien, Jeffrey M. "The Netflix Effect." *Wired*, December 1, 2002. https://tinyurl.com/tp7wemem.
6 Sherman, Alex. "Expect Netflix to Keep Raising Prices." *CNBC*, November 2, 2020. https://tinyurl.com/2spwvacu.
7 Jackson, Dan. "The Netflix Prize: How a $1 Million Contest Changed Binge-Watching Forever." *Thrillist*, July 7, 2017. https://tinyurl.com/2p98yp5a.
8 "Netflix Still Mailing DVDs." *Postal Times*, June 22, 2020. https://tinyurl.com/tduvyf58.
9 Ismail, Kaya. "AI vs. Algorithms: What's the Difference?" *CMSWire*, October 26, 2018. https://tinyurl.com/2p8dkmtm.
10 Morgan, Blake. "What Is the Netflix Effect?" *Forbes*, February 19, 2019. https://tinyurl.com/4p6xnxx3.
11 Palmer, Daniel. "Starbucks: What Went Wrong?" *Australian Food News | Thought for Food*, July 31, 2008. https://tinyurl.com/5bxhx6p9.
12 Adamy, Janet. "Starbucks to Shut 500 More Stores, Cut Jobs." *The Wall Street Journal*, July 2, 2008. https://tinyurl.com/2p97dmm6.
13 Roemmele, Brian. "Why Is the Starbucks Mobile Payments App so Successful?" *Forbes*, June 13, 2014. https://tinyurl.com/4b9zzet7.
14 Ali. "Starbucks - Grinding Data." *Digital Innovation and Transformation*. Harvard Business School, April 5, 2017. https://tinyurl.com/2p9xc58v.
15 Boulton, Clint. "Starbucks' CTO Brews Personalized Experiences." *CIO Magazine*, April 1, 2016. https://tinyurl.com/4dczk4ky.
16 Rahman, Was. "Starbucks Isn't a Coffee Business-It's a Data Tech Company." *Medium*, January 16, 2020. https://tinyurl.com/yevh69js.
17 Wilson, Eric. "Starbucks, Big Data & Predictive Analytics: How Starbucks Uses Predictive Analytics and Your Loyalty Card Data." *Demand Planning*, May 29, 2018. https://tinyurl.com/5djstuxy.
18 Panko, Riley. "How Customers Use Food Delivery and Restaurant Loyalty Apps." *The Manifest*, May 15, 2018. https://tinyurl.com/ycynmf3w.
19 Oragui, David. "The Success of Starbucks App: A Case Study." *Medium*, June 12, 2018. https://tinyurl.com/zwsdycb9.
20 Marr, Bernard. "Starbucks: Using Big Data, Analytics and Artificial Intelligence to Boost Performance." *Forbes*, May 28, 2018. https://tinyurl.com/jx94j2df.
21 Grill-Goodman, Jamie. "How Starbucks Is Using Artificial Intelligence and IoT." *RIS News*, October 31, 2019. https://tinyurl.com/2p96229e.
22 Adekanye, Tosin. "Predicting Customer Churn with Machine Learning (AI)." *Medium*. Low Code for Advanced Data Science, November 12, 2021. https://tinyurl.com/5ctt9j98.

第二章　人工智能正在改变游戏规则

1 Kendall, Graham. "Your Mobile Phone vs. Apollo 11's Guidance Computer." *RealClear-Science*, July 2, 2019. https://tinyurl.com/473teext.

2 Hill, Kashmir, and Ryan Mac. "Facebook, Citing Societal Concerns, Plans to Shut Down Facial Recognition System." *The New York Times*, November 5, 2021. https://tinyurl.com/yk8tkfbd.
3 Metz, Cade. "Meet GPT-3. It Has Learned to Code (and Blog and Argue)." *The New York Times*, November 24, 2020. https://tinyurl.com/y7cps253.
4 Saunderson, Roy. "How Different Types of Analytics Tell a Different Recognition Program Story." *Authentic Recognition*, October 28, 2021. https://tinyurl.com/33nbvsm9.
5 Greenstein, Shane, Mel Martin, and Sarkis Agaian. "IBM Watson at MD Anderson Cancer Center." *Harvard Business School*, April 2021. https://tinyurl.com/2zzayadt.
6 Broussard, Meredith, and Seth Lewis. "Will AI Save Journalism - or Kill It?" *Knowledge at Wharton*. Wharton School of the University of Pennsylvania, April 9, 2019. https://tinyurl.com/2p8a7c2x.
7 Fakotakis, Nikos Dimitris. "AI Designed With a 'Sense of Smell' To Detect Illnesses from Human Breath." *Evolving Science*, September 21, 2018. https://tinyurl.com/yc5pwxhs.
8 Desmond, John. "Artificial Emotional Intelligence and Emotion AI At Work for Major Brands." *AI Trends*, June 25, 2018. https://tinyurl.com/53735sk4.
9 Siddiqui, Faiz. "Cruise Putting Driverless Cars on San Francisco Streets for First Time." *The Washington Post*, December 9, 2020. https://tinyurl.com/yckzrc5n.
10 "Big Data: The 3 Vs Explained." *Big Data LDN*, April 12, 2019. https://tinyurl.com/438cuu63.
11 Tham, Dan. "Meet Moxie, a Robot Friend Designed for Children." *CNN*, November 19, 2021. https://tinyurl.com/44r6fx9t.
12 Collins, Katie. "A Snoring Robot Labrador Puppy Stole My Whole Heart at CES 2020." *CNET*, January 8, 2020. https://tinyurl.com/5yze8hz6.
13 "Medtronic to Boost AI & Robotic Surgery Work with Digital Surgery." *Medical Devices Community*, February 19, 2020. https://tinyurl.com/53taahn2.
14 Pogue, David. "A Thermostat That's Clever, Not Clunky." *The New York Times*, November 30, 2011. https://tinyurl.com/mxw87kxt.
15 "Global Cloud Services Market Q1 2021." *Canalys*. https://tinyurl.com/2jkfr43t.
16 Keeney, Tasha. "Could a Tesla Ride-Hailing Network Run over Uber and Lyft?" *ARK Invest*, September 18, 2020. https://tinyurl.com/yaucp25s.

第三章　比萨和化妆品有什么共同之处

1 Online Marketing Institute. "How Digital Marketing Crowned Domino's the King of Pizza." *Medium*. May 22, 2018. https://tinyurl.com/4748vufs.
2 Mktgbrainstorm. "Clip - Domino's Pizza at the Door of Our Harshest Critics." *YouTube*, March 19, 2011. https://tinyurl.com/3h7n587j.
3 Domino's Pizza. "Domino's® Pizza Turnaround." *YouTube*, December 21, 2009. https://tinyurl.com/2s3t353t.
4 Ignasiak, Melissa. "Domino's Launches 'The Think Oven' to Fire Up Customer Creativity." *Baer Performance Marketing*, October 26, 2012. https://tinyurl.com/2p8rwj5x.
5 Online Marketing Institute. "How Digital Marketing Crowned Domino's the King of Pizza." *Medium*. May 22, 2018. https://tinyurl.com/4748vufs.

6 Wong, Kyle. "How Domino's Transformed into an e-Commerce Powerhouse Whose Product Is Pizza." *Forbes*, January 26, 2018. https://tinyurl.com/4k2vndw2.
7 Wohl, Jessica. "Domino's Unseats Pizza Hut as Biggest Pizza Chain." *Ad Age*, February 20, 2018. https://tinyurl.com/2p9a3pv4.
8 Groysberg, Boris, Sarah L. Abbott, and Susan Seligson. "Tech with a Side of Pizza: How Domino's Rose to the Top." *Harvard Business School*, February 2021. https://tinyurl.com/ymbavs7u.
9 Dolan, Robert J. "L'Oreal of Paris: Bringing 'Class to Mass' with Plenitude." *Harvard Business School*, October 1997. https://tinyurl.com/39jjsp4t.
10 Eckfeldt, Nicole. "L'Oreal: Transforming Beauty with Technology." *Technology and Operations Management*. Harvard Business School. November 18, 2016. https://tinyurl.com/2p99tnx4.
11 Butler, Rory. "L'Oréal Powers Its R&D by Processing 50 Million Pieces of Data a Day." *The Manufacturer*, November 5, 2019. https://tinyurl.com/yx9f8c9n.
12 "The Beauty of Big Data: The L'Oréal and IBM Story." *Impact@IBMHK*. IBM Hong Kong, April 17, 2015. https://tinyurl.com/3jerwtxv.
13 Marr, Bernard. "The Amazing Ways How L'Oréal Uses Artificial Intelligence to Drive Business Performance." *Forbes*, September 6, 2019. https://tinyurl.com/bddj3zcv.
14 Roderick, Leonie. "L'Oréal on Why Artificial Intelligence Is 'a Revolution' as big as the Internet." *Marketing Week*, April 24, 2017. https://tinyurl.com/2p8cxf72.
15 RChilli Case Study. "Berkshire Associates." Accessed January 7, 2022. https://tinyurl.com/49ev6cpj.
16 RChilli Case Study. "ADP." Accessed January 7, 2022. https://tinyurl.com/2p9dt7z6.
17 No Good Case Study. "Fratelli Carli," September 17, 2021. https://tinyurl.com/5hy4smfe.
18 No Good Case Study. "Steer," October 30, 2021. https://tinyurl.com/25ncw3ev.
19 Tai, Michael Cheng-Tek. "The Impact of Artificial Intelligence on Human Society and Bioethics." *PubMed Central (PMC)*, August 14, 2020. https://tinyurl.com/yc7w8ezj.
20 Castelo, Micah. "The Future of Artificial Intelligence in Healthcare." *HealthTech*, February 26, 2020. https://tinyurl.com/3xcpm69r.
21 Chandler, Simon. "Artificial Intelligence Platform Reduces Hospital Admissions by Over 50% in Trial." *Forbes*, October 30, 2020. https://tinyurl.com/yckt3m2p.
22 Clare Medical. "Clare Medical's AI Platform Demonstrates Predictive Capabilities Which Reduced Hospital Admissions and Other Clinically Significant Outcomes by Over 50%." *PRNewswire*, October 28, 2020. https://tinyurl.com/2p8vj8y5.
23 "Hackensack University Medical Center First Hospital in New Jersey to Implement C-SATS – an AI-Powered Surgical Training Platform." *Hackensack Meridian Health*, January 9, 2020. https://tinyurl.com/2p89b52r.
24 Shih, Willy. "The Real Lessons from Kodak's Decline." *MIT Sloan Management Review*, May 20, 2016. https://tinyurl.com/yp7kk5bm.
25 Anthony, Scott D. "Kodak's Downfall Wasn't About Technology." *Harvard Business Review*, July 15, 2016. https://tinyurl.com/mumk96v6.
26 Dickinson, Mike. "Kodak to Fall from S&P 500." *Rochester Business Journal*, December 10, 2010. https://tinyurl.com/2r6eczw3.
27 "Why Kodak Failed and Netflix Didn't (A Lesson in Innovation)." *St. Bonaventure University*, August 9, 2016. https://tinyurl.com/2p84ktfe.

第四章　合乎道德和可持续的人工智能

1 Horowitz, Jeff et al. "The Facebook Files." *The Wall Street Journal*, October 1, 2021. https://tinyurl.com/bddx7pa3.

2 Swope, Peter. "Facebook Knows Its Reckoning Is at Hand—and It Isn't Ready." *Brown Political Review*, December 14, 2021. https://tinyurl.com/25wctshn.

3 Schroeder, Karisa. "3 Reasons Why Business Ethics Is Important." *School of Business & Society Blog*. University of Redlands, October 5, 2021. https://tinyurl.com/2p9d5fb3.

4 Postman, Neil. *Technopoly: The Surrender of Culture to Technology*, pp. 4–5. New York: Vintage Books, 1993.

5 Hagendorff, Thilo. "The Ethics of AI Ethics: An Evaluation of Guidelines." *Minds and Machines 30, 99-120*. Springer Link, February 1, 2020. https://link.springer.com/article/10.1007/s11023-020-09517

6 Jobin, Anna, Marcello Ienca, and Effy Vayena. "The Global Landscape of AI Ethics Guidelines." *Nature Machine Intelligence 1, 389-399*. Springer Nature, September 2, 2019. https://tinyurl.com/n4hvjfmb.

7 Gibson, Lydialyle. "Bias in Artificial Intelligence." *Harvard Magazine*, August 2, 2021. https://tinyurl.com/46cah74e.

8 Blackman, Reid. "A Practical Guide to Building Ethical AI." *Harvard Business Review*, October 15, 2020. https://tinyurl.com/ytsjbtxp.

9 Leong, Brenda, and Patrick Hall. "5 Things Lawyers Should Know About Artificial Intelligence." *ABA Journal*. American Bar Association, December 14, 2021. https://tinyurl.com/yydryfav.

10 Newman, Bradford K., ed. "Recent Developments in Artificial Intelligence Cases 2021." *Business Law Today*. American Bar Association, June 16, 2021. https://tinyurl.com/2p8nhnxw.

11 Eitel-Porter, Ray, Medb Corcoran, and Patrick Connolly. "Responsible AI: From Principles to Practice." *Accenture*, March 30, 2021. https://tinyurl.com/yc43wxtj.

12 Zaric, Gregory S., Kyle Maclean, and Jasvinder Mann. "Ethical Implications of Artificial Intelligence, Machine Learning, and Big Data." *Ivey Publishing*. Harvard Business Publishing, March 9, 2021. https://tinyurl.com/mpsdfzm6.

13 Stahl, Bernd Carsten. *Artificial Intelligence for a Better Future: An Ecosystem Perspective on the Ethics of AI and Emerging Digital Technologies*. Cham, Switzerland: SpringerLink, 2021.

14 Azoulay, Audrey, and Gabriela Ramos. "UNESCO Member States Adopt the First Ever Global Agreement on the Ethics of Artificial Intelligence." *UNESCO*, November 25, 2021. https://tinyurl.com/3hw8ax3w.

15 Hollister, Matissa. "Human-Centred Artificial Intelligence for Human Resources: A Toolkit for Human Resources Professionals." *World Economic Forum*, December 7, 2021. https://tinyurl.com/2evjjf6j.

16 Burt, Andrew. "Ethical Frameworks for AI Aren't Enough." *Harvard Business Review*, November 9, 2020. https://tinyurl.com/2sbvjhf5.

17 Horton, Melissa. "Are Business Ethics Important for Profitability?" *Investopedia*, May 27, 2021. https://tinyurl.com/237uza5c.

18 Satell, Greg, and Yassmin Abdel-Magied. "AI Fairness Isn't Just an Ethical Issue." *Harvard Business Review*, October 20, 2020. https://tinyurl.com/2p9d4dzw.

19 Gerke, Sara, Timo Minssen, and Glen Cohen. "Ethical and Legal Challenges of Artificial Intelligence-Driven Healthcare." National Library of Medicine. *PubMed Central (PMC)*, June 26, 2020. https://tinyurl.com/mry8p4by.
20 Dattner, Ben, et al. "The Legal and Ethical Implications of Using AI in Hiring." *Harvard Business Review*, April 25, 2019. https://tinyurl.com/4crwnzju.
21 Chamorro-Premuzic, Tomas, Frida Polli, and Ben Dattner. "Building Ethical AI for Talent Management." *Harvard Business Review*, November 21, 2019. https://tinyurl.com/sf332me6.
22 Fast Company Staff. "The 10 Most Innovative Companies in Data Science." *Fast Company*, March 9, 2021. https://tinyurl.com/3yz7mzda.
23 Quast, Jon, and Danny Vena. "Here's How Snowflake Is Performing Since It Went Public." *The Motley Fool*, December 16, 2021. https://tinyurl.com/4vb5kjwa.
24 Bar, Omri, *et al*. "Impact of Data on Generalization of AI for Surgical Intelligence Applications." *Scientific Reports*. Nature Research, 2020. https://tinyurl.com/y7pfzbyd.
25 Hall, Susan. "Best Friends: Harnessing Data to Save Lost Cats and Dogs." *The New Stack*, March 17, 2021. https://tinyurl.com/4tz9jvtb.
26 Youngdahl, William E., and B. Tom Hunsaker. "Coda Coffee and Bext360 Supply Chain: Machine Vision, AI, IoT, and Blockchain." *Thunderbird School of Global Management*. Harvard Business Publishing, December 1, 2018. https://tinyurl.com/5k9ujdkd.
27 McCue, Ian. "Coda Coffee Company Endures Growing Pains to Become One of Colorado's Largest Roasters." *Oracle Netsuite*, May 29, 2019. https://tinyurl.com/2p896rse.
28 Ransbotham, Sam, and Shervin Khodabandeh. "From Journalism to Jeans: Levi Strauss & Co.'s Katia Walsh (Podcast)." Me, Myself, and AI, Episode 403. *MIT Sloan Management Review*, April 5, 2022. https://tinyurl.com/ykvrw8bh.
29 Mason, Kelly. "Training Our Employees for a Digital Future." *Levi Strauss & Co*, May 17, 2021. https://tinyurl.com/36ddsj3y.

第五章　评估你的企业

1 Prajogo, Daniel. "The Relationship between Innovation and Business Performance—a Comparative Study between Manufacturing and Service Firms." *Knowledge and Process Management 30, no. 3* (August 11, 2006): 218-225. https://doi.org/10.1002/kpm.259.
2 Vardis, Harry, and Gary L. Selden. "A Report Card on Innovation: How Companies and Business Schools Are Dealing with It." *Journal of Executive Education* 7, no. 1 (2013): 15–30. https://tinyurl.com/bdzxs893.
3 Cuthbertson, Richard, Peder Inge Furseth, and Stephen J. Ezell. "Kodak and Xerox: How High Risk Aversion Kills Companies." *Innovating in a Service-Driven Economy* (2015): 166–179. Palgrave Macmillan. https://doi.org/10.1057/9781137409034_13.
4 Keeley, Larry, et al. *Ten Types of Innovation: The Discipline of Building Breakthroughs*. Hoboken, NJ: Wiley, 2013.
5 Chirio, Gino. "The 6 Ways to Grow a Company." *Harvard Business Review*, June 14, 2018. https://tinyurl.com/y4n2m59a.
6 Sedláček, Petr, and Vincent Sterk. "The Growth Potential of Startups over the Business Cycle." *American Economic Review* 107, no. 10 (October 2017): 3182–3210. https://doi.org/10.1257/aer.20141280.

7 Altman, Ian. "The Good, the Bad, and the Ugly of Cost Cutting." *Forbes*, March 17, 2015. https://tinyurl.com/24xvyjfv.
8 Gavin, Matt. "What Are Mergers & Acquisitions? 4 Key Risks." *Business Insights*. Harvard Business School, July 25, 2019. https://tinyurl.com/yckwmxew.
9 "Survey Report: Navigating the Risks of the Contemporary M&A Market." Crowe Horwath LLP, December 15, 2016. https://tinyurl.com/yzuzmacr.
10 Bonabeau, Eric. "Don't Trust Your Gut." *Harvard Business Review*, May 2003. https://tinyurl.com/3kyt2ddy.
11 Kahneman, Daniel. *Thinking, Fast and Slow*. New York: Farrar, Straus and Giroux, 2013.
12 "Data & Analytics in M&A." KPMG Australia, May 2018. https://tinyurl.com/525e4fd7.
13 Ostrowski, Sue. "How Artificial Intelligence Is Changing the Mergers and Acquisitions Process." Babst Calland Attorneys at Law, December 8, 2021. https://tinyurl.com/333uhj4z.
14 Spacey, John. "9 Types of Marketing Risk." *Simplicable*, July 13, 2017. https://tinyurl.com/452wm8z4.
15 Pappas, Nikolaos. "Marketing Strategies, Perceived Risks, and Consumer Trust in Online Buying Behaviour." *Journal of Retailing and Consumer Services* 29 (2016): 92–103. https://doi.org/10.1016/j.jretconser.2015.11.007.
16 Schuhmacher, Alexander, et al. "The Art of Virtualizing Pharma R&D." *Drug Discovery Today* 24, no. 11 (2019): 2105–7. https://doi.org/10.1016/j.drudis.2019.07.004.
17 Xing, Fei, et al. "Driving Innovation with the Application of Industrial AI in the R&D Domain." *Distributed, Ambient and Pervasive Interactions* 12203 (July 2020): 244–55. https://doi.org/10.1007/978-3-030-50344-4_18.
18 Cockburn, Iain M., Rebecca Henderson, and Scott Stern. "The Impact of Artificial Intelligence on Innovation: An Exploratory Analysis." *National Bureau of Economic Research*, May 2019. https://tinyurl.com/2p8kc5cc.
19 Elsey, Wayne. "Why Your Company Should Use AI in Hiring—but Keep It Human." *Forbes*, February 27, 2019. https://tinyurl.com/3s3d4rjk.
20 Meyer, David. "Amazon Killed an AI Recruitment System Because It Couldn't Stop the Tool from Discriminating against Women." *Fortune*, October 10, 2018. https://tinyurl.com/2p87ah9v.
21 Parikh, Nish. "Understanding Bias in AI-Enabled Hiring." *Forbes*, October 14, 2021. https://tinyurl.com/2s3ha9ph.
22 Florentine, Sharon. "How AI Is Revolutionizing Recruiting and Hiring." *CIO*, IDG Communications, September 1, 2017. https://tinyurl.com/2p83r9av.

第六章　数据准备要素

1 TNS Experts. "Data Collection: 6 Effective Methods on How to Collect Data with Examples." *The Next Scoop*, July 13, 2021. https://tinyurl.com/mryc7nps.
2 Duhigg, Charles. *The Power of Habit: Why We Do What We Do in Life and Business*. New York: Random House, 2014.
3 Reid, Andrew. "Why Your Brand Needs to Make Its (Data) Intentions Clear." *Forbes*, February 7, 2022. https://tinyurl.com/2p9avbzd.

4 Stone, Andrew. "Synthetic Data: Pharma's Next Big Thing?" *Reuters Events | Pharma*, March 22, 2022. https://tinyurl.com/4bkdn4sr.

5 Lucini, Fernando. "The Real Deal About Synthetic Data." *MIT Sloan Management Review* 63, no. 1 (Fall 2021): 1-4. https://tinyurl.com/2b96rbjr.

6 Stadler, Theresa, Bristena Oprisanu, and Carmela Troncoso. "Synthetic Data – Anonymisation Groundhog Day." *USENIX*. Accessed May 7, 2022. https://tinyurl.com/54umccbs.

7 Davis, Matt. "Top 10 Moments from Gartner's Supply Chain Executive Conference." *Gartner*, May 28, 2013. https://tinyurl.com/56j3apdh.

8 Ashford, Susan J., and James R. Detert. "Get the Boss to Buy In." *Harvard Business Review*, January-February 2015. https://tinyurl.com/4r9rzzmh.

9 Gupta, Ashutosh. "7 Key Foundations for Modern Data and Analytics Governance." *Gartner*, July 12, 2021. https://tinyurl.com/3swk5s5y.

10 "Regulation (EU) 2016/679...on the Protection of Natural Persons with Regard to the Processing of Personal Data and on the Free Movement of Such Data." *EUR-Lex*. European Union. Accessed February 23, 2022. https://tinyurl.com/3d9sayft.

11 Alizadeh, Fatemeh, et al. "GDPR-Reality Check on the Right to Access Data: Claiming and Investigating Personally Identifiable Data from Companies. " *Proceedings of Mensch und Computer 2019* (September 2019): 811-4. https://doi.org/10.1145/3340764.3344913.

12 "The Battle of Artificial Intelligence: Malware vs. Antivirus." *Equinox IT Services* Accessed May 6, 2022. https://tinyurl.com/3ebdvwdw.

13 Olson, Randal S., et al. "A System for Accessible Artificial Intelligence." *Genetic Programming Theory and Practice XV* (July 2018): 121–34. https://doi.org/10.1007/978-3-319-90512-9_8.

14 Draxl, Claudia, and Matthias Scheffler. "The NOMAD Laboratory: from Data Sharing to Artificial Intelligence." *JPhys Materials*. IOP Publishing, May 13, 2019. https://tinyurl.com/2p9ywfxk.

15 Block, Richard, and Shahid Ansari. "Spreadsheet 'Worst Practices.'" *CFO*, May 14, 2008. https://tinyurl.com/3dcyxchp.

16 Raza, Muhammad, and Stephen Watts. "Data Quality Explained: Measuring, Enforcing & Improving Data Quality." *BMC Blogs*, April 12, 2021. https://tinyurl.com/5xmpckxn.

17 Moore, Susan. "How to Create a Business Case for Data Quality Improvement." *Gartner*, June 19, 2018. https://tinyurl.com/2p82ypbr.

18 Sakpal, Manasi. "How to Improve Your Data Quality." *Gartner*, July 14, 2021. https://tinyurl.com/yckrx65c.

19 Ng, Andrew. *The Batch*. DeepLearning.AI, March 24, 2021. https://tinyurl.com/yckc4t6j.

20 "Master Data Management (MDM): What It Is and Why It Matters." *Informatica*. Accessed February 23, 2022. https://tinyurl.com/2s82hdez.

21 Sriraman, Nallan. "Master Data Eats AI for Breakfast." *Forbes*, October 7, 2020. https://tinyurl.com/yc54ds86.

22 Goyal, Sonal. "Master Data Management Eats AI for Breakfast, or Does It?" *Medium*. Towards Data Science, September 24, 2021. https://tinyurl.com/58aux9rd.

23 Everett, Dan. "How AI Improves Master Data Management (MDM)." *Informatica*, May 30, 2021. https://tinyurl.com/4sd4dap4.

24 Keskar, Harshad. "AI Driven Master Data Management." *Medium*. Tech Weekly, June 11, 2019. https://tinyurl.com/yck8cmap.

25 Tufte, Edward R. "Introduction," in *The Visual Display of Quantitative Information*, 2nd Edition, p. 9. Cheshire, CT: Graphics Press, 2001.

26 Hlandi, Marija. "What Is a Data Dashboard? Definition, Benefits, and Examples." *Databox*, June 23, 2022. https://tinyurl.com/4z3mwmuf.

27 Kenton, Will. "What Is a Bloomberg Terminal?" *Investopedia*, July 29, 2022. https://tinyurl.com/4fahpn7z.

28 Shapiro, Joel. "3 Ways Data Dashboards Can Mislead You." *Harvard Business Review*, January 13, 2017. https://tinyurl.com/5fa8s8a9.

29 Siwicki, Bill. "A CIO's Guide to AI Dashboards." *Healthcare IT News*, November 27, 2018. https://tinyurl.com/yc8pr7xd.

30 Vohra, Sanjeev and Jordan Morrow. "The Human Impact of Data Literacy." *Data Management | Accenture*, January 16, 2020. https://tinyurl.com/4xmnsm6m.

31 Brown, Sara. "How to Build Data Literacy in Your Company." *MIT Sloan*, February 9, 2021. https://tinyurl.com/2dj9wj5w.

32 Diaz, Alejandro, Kayvaun Rowshankish, and Tamim Saleh. "Why Data Culture Matters." *McKinsey Quarterly*, September 2018. https://tinyurl.com/4jv5bss5.

33 Waller, David. "10 Steps to Creating a Data-Driven Culture." *Harvard Business Review*, February6,2020.https://hbr.org/2020/02/10-steps-to-creating-a-data-driven-culture.

34 "Enterprise Engagement Alliance: Leading the Way to People-Centric Business." *Enterprise Engagement Alliance*. Accessed March 8, 2022. https://www.theeea.org/.

35 Bolger, Bruce. "Stakeholder Capitalism: A Primer." *Engagement Strategies Media*. Accessed March 8, 2022. https://tinyurl.com/2asj8und.

36 Gould, Scott. "Engagement Statistics," *Engagement Statistics*. January 29, 2018. https://tinyurl.com/2r739e7k.

37 Mazer, Andrew. "What Engagement Business Execs Need to Know about Analytics." *Engagement Strategies Media*. Accessed March 8, 2022. https://tinyurl.com/2pukfbk7.

38 Faria, Euler. "Learning from Experiments, a Strategy to Make Data Science Projects Scalable and Reproducible." *LinkedIn*, September 15, 2019. https://tinyurl.com/29n9entk.

39 Engler, Alex. "How Open-Source Software Shapes AI Policy." *Brookings*, August 10, 2021. https://tinyurl.com/2p9zbz77.

第七章 成为倍增型企业

1 Hanlon, Philomena. "The Role of Intuition in Strategic Decision Making: How Managers' Rationalize Intuition." 14th Annual Conference of the Irish Academy of Management, Dublin Institute of Technology, 2011. https://tinyurl.com/yw7waj2d.

2 Gladwell, Malcolm. *Blink: The Power of Thinking Without Thinking*. New York: Little, Brown and Company, 2005. p.23.

3 Kahneman, Daniel. *Thinking, Fast and Slow*. New York: Farrar, Straus and Giroux, 2013. p.417.

4 Marcus, Bonnie. "Intuition Is an Essential Leadership Tool." *Forbes*, September 1, 2015. https://tinyurl.com/bp77p785.

5 Davenport, Thomas H. "Big Data and the Role of Intuition." *Harvard Business Review*, June 24, 2013. https://tinyurl.com/2p9yknnz.
6 Loveman, Gary. "Diamonds in the Data Mine." *Harvard Business Review*, May 2003. https://tinyurl.com/ytkz5hpn.
7 Fedyk, Anastassia. "How to Tell If Machine Learning Can Solve Your Business Problem." *Harvard Business Review*, November 25, 2016. https://tinyurl.com/73wujm49.
8 Scalco, Dan. "6 Critical Data Points Your Sales Team Needs to Collect." *Inc.com*, April 25, 2017. https://tinyurl.com/ykx8yvf8.
9 Fontanella, Clint. "7 Call Center Metrics to Measure Your Customer Service." *HubSpot Blogs*, June 15, 2021. https://tinyurl.com/2p86j4uj.
10 Brown, Lawrence, et al. "Statistical Analysis of a Telephone Call Center." *Journal of the American Statistical Association* 100, no. 469 (2005): 36–50. https://doi.org/10.1198/016214504000001808.
11 Devillers, Laurence, Laurence Vidrascu, and Lori Lamel. "Challenges in Real-Life Emotion Annotation and Machine Learning Based Detection." *Neural Networks* 18, no. 4 (2005): 407–22. https://doi.org/10.1016/j.neunet.2005.03.007.
12 Simonite, Tom. "This Call May Be Monitored for Tone and Emotion." *Wired*, March 19, 2018. https://tinyurl.com/2p9a6eme.
13 Spacey, John. "14 Types of Market Conditions." *Simplicable*, April 11, 2018. https://tinyurl.com/2p9be2fc.
14 Szczerba, Robert J. "15 Worst Tech Predictions of All Time." *Forbes*, January 9, 2015. https://tinyurl.com/46j9369m.
15 Mimno, David, Andrew McCallum, and Gerome Miklau. "Probabilistic Representations for Integrating Unreliable Data Sources." *Association for the Advancement of Artificial Intelligence*, 2007. https://tinyurl.com/4zmrj4n.
16 "Free Public Data Sets for Analysis." *Tableau*. Accessed March 15, 2022. https://tinyurl.com/432ftxsb.
17 Pickell, Devin. "50 Best Open Data Sources Ready to Be Used Right Now." *G2 Learn-Hub*, March 15, 2019. https://tinyurl.com/22ucjypj.
18 "Public Data." *Google Public Data Explorer*. Accessed March 25, 2022. https://tinyurl.com/yc6n2hvd.
19 Mahajan, Romi. "IT Stereotypes: Time To Change." *InformationWeek*, February 4, 2015. https://tinyurl.com/54kj5vtr.
20 Reavie, Vance. "Do You Know the Difference between Data Analytics and AI Machine Learning?" *Forbes*, August 1, 2018. https://tinyurl.com/2p8vjvnw.
21 Reilly, Pete. "AI Analytics vs. Traditional Analytics: 3 Essential Differences." *Aberdeen Strategy & Research*, December 3, 2019. https://tinyurl.com/2pd9uhxr.
22 Marr, Bernard. "What Is the Difference between Artificial Intelligence and Machine Learning?" *Bernard Marr & Co*, July 15, 2021. https://tinyurl.com/5n6b3a29.

第八章　应用、衡量和推广人工智能

1 Knopp, Evan. "Building Your AI Team: The Roles Your Enterprise Needs." *IBM, Storage*, September 17, 2018. https://tinyurl.com/bddjtv6h.
2 Stobierski, Tim. "How to Structure Your Data Analytics Team." *Business Insights*. Harvard Business School, March 9, 2021. https://tinyurl.com/2p8urx6a.

3 Moses, Barr. "How to Choose the Right Structure for Your Data Team." *Monte Carlo Data*, April 26, 2022. https://tinyurl.com/y3v26xe5.

4 RChilli Case Study. "Find out Why Berkshire Associates Chose RCHILLI's Resume Parser?" Accessed January 7, 2022. https://tinyurl.com/49ev6cpj.

5 Ng, Andrew. "How to Choose Your First AI Project." *Harvard Business Review*, February 6, 2019. https://tinyurl.com/2p8mf4nu.

6 Kahneman, Daniel. Thinking, Fast and Slow. New York: Farrar, Straus and Giroux, 2013.

7 Filmer, Joshua. "Correlation vs. Causation: The Analysis of Data." *Futurism*, November 24, 2013. https://tinyurl.com/4zrbwx59.

8 Tufte, Edward R. "The Cognitive Style of PowerPoint: Pitching Out Corrupts Within." in *Beautiful Evidence*, 159. Cheshire (Connecticut): Graphics Press, 2019.

9 Lehner, Paul Edward, et al. "Confirmation Bias in Complex Analyses." *IEEE Transactions on Systems, Man, and Cybernetics - Part A: Systems and Humans* 38, no. 3 (May 2008): 584–92. https://doi.org/10.1109/tsmca.2008.918634.

10 Rzeszucinski, Pawel. "Overcoming Confirmation Bias: An Obstacle between You and the Insight from Your Data." *Forbes*, January 19, 2022. https://tinyurl.com/2dke6at7.

11 David, Matt. "Confirmation Bias." *The Data School*, August 9, 2021. https://tinyurl.com/5hxj8c32.

12 Jobin, Anna, Marcello Ienca, and Effy Vayena. "The Global Landscape of AI Ethics Guidelines." *Nature Machine Intelligence 1 (2019): 389-99*. Springer Nature, September 2, 2019. https://tinyurl.com/n4hvjfmb.

13 Sukhadeve, Ashish. "How to Measure the Performance of Your AI/Machine Learning Platform?" *Analytics Insight*, August 29, 2020. https://tinyurl.com/mu3f222m.

14 Mattson, Peter, et al. "MLPerf Training Benchmark." *Proceedings of the 3rd MLSys Conference*, 2020. https://tinyurl.com/4aadde64.

15 Sterling, Bruce. "New Machine Learning Inference Benchmarks." *Wired*, June 26, 2019. https://tinyurl.com/bdzxdts8.

16 Linthicum, David (host) and Brijesh Singh. "AI/ML: Easier, Faster, and More Powerful with Cloud." *Deloitte On Cloud Podcast*, August 2021. https://tinyurl.com/4bs6crpb.

17 Chatterjee, Joyjit. "AI beyond Accuracy: Transparency and Scalability." *Medium*. Towards Data Science, May 13, 2020. https://tinyurl.com/464b5eu4.

18 Kesari, Ganes. "AI Accuracy Is Overrated: How Even a 'Wrong' Model Can Transform Your Business." *Forbes*, January 21, 2021. https://tinyurl.com/4jeutaus.

19 "4 Things You Need to Know about AI: Accuracy, Precision, Recall and F1 Scores." *Lawtomated*, October 10, 2019. https://tinyurl.com/2yn3ah64.

20 Columbus, Louis. "10 Ways AI Is Improving New Product Development." *Forbes*, July 9, 2020. https://tinyurl.com/3am5d8tn.

21 Wellinger, Christoph. "Digital Product Development 2025." *PwC*, April 15, 2019. https://tinyurl.com/m9j7hw8s and https://tinyurl.com/2p8ppxmj.

22 "AI Lab & Artificial Intelligence Development." *Microsoft AI*. Accessed May 7, 2022. https://tinyurl.com/2p836ezd.

23 Ehrlich, Chris. "Oracle Opens Innovation Lab in Chicago Market." *Datamation*, May 5, 2022. https://tinyurl.com/ysf8j5ev.

24 Vanian, Jonathan. "Here's One Way to Deal with the A.I. Talent Shortage." *Fortune*, April 26, 2022. https://tinyurl.com/3k2dmkbx.

25 Market Trends. "How AI Can Cut Your Customer Acquisition Costs." *Analytics Insight*, March 15, 2022. https://tinyurl.com/4kjuuc44.

26 "Gartner Identifies Six Technologies to Drive New Customer Acquisition and Growth for Digital Marketing." *Gartner*, September 1, 2021. https://tinyurl.com/t7tj2axf.

27 Sutton, Dave. "How AI Helped One Retailer Reach New Customers." *Harvard Business Review*, May 28, 2018. https://tinyurl.com/3tc7c3h7.

28 ElBermawy, Mostafa. "Data Science in Marketing: A Comprehensive Guide (with Examples)." *NoGood*, May 26, 2020. https://tinyurl.com/3afzh5mc.

29 Meyer, Anna. "3 Ways Artificial Intelligence Can Help with Pricing." *Inc.com*, June 17, 2022. https://tinyurl.com/muwr5dk8.

30 "How Companies Use AI to Set Prices." *The Economist*, March 26, 2022. https://tinyurl.com/mtvcnnrw.

31 Hazan, Joël, et al. "Why AI Transformations Should Start with Pricing." *Boston Consulting Group*, June 7 2011. https://tinyurl.com/3uxaphyz.

32 Zinser, Marcella. "Artificial Intelligence in Cost Management: FACTON Publishes White Paper on 'Predictive Costing.'" *PRWeb*, May 28, 2019. https://tinyurl.com/yu78r8n5 and https://tinyurl.com/36752hv3.

33 Aunalytics Press Release. "Aunalytics Innovation Lab Accelerates Midsize Financial Institution Business Outcomes with AI Intelligence Services." *GlobeNewswire News Room*. Aunalytics, April 12, 2022. https://tinyurl.com/mryc883m.

34 Collins, James. *Good to Great: Why Some Companies Make the Leap...and Others Don't*. London: Random House Business, 2001.

35 "Seven out of Ten Artificial Intelligence Projects Fail, According to Study." *LABS – Latin America Business Stories*, April 23, 2020. https://tinyurl.com/yucuzvjv.

36 Ribeiro, Jair. "How to Successfully Scale Your AI Project from Pilot to Production." *Medium*. Towards Data Science, February 19, 2021. https://tinyurl.com/bdebjzkd.

37 Vijay, Aabhas. "7 Proven Ways to Scale AI Projects and Speed up AI Implementation in Your Organization." *Business 2 Community*, November 29, 2021. https://tinyurl.com/5vkdsv8b.

38 Kanioura, Athina, and Fernando Lucini. "A Radical Solution to Scale AI Technology." *Harvard Business Review*, April 13, 2020. https://tinyurl.com/ydnxs3kk.

39 Lucini, Fernando. "Scaling AI for Business Value." *Accenture*, December 4, 2019. https://tinyurl.com/533uzbva.

40 Fiscutean, Andrada. "Why You Can't Trust AI-Generated Autocomplete Code to Be Secure." CSO Online. IDG Communications, March 15, 2022. https://tinyurl.com/bdzys6tk.

第九章　未来会怎样

1 Kollmann, Tobias, and Carina Lomberg. "Web 1.0, Web 2.0 and Web 3.0: The Development of E-Business." *Encyclopedia of E-Business Development and Management in the Global Economy*, 2010, 1203–10. https://doi.org/10.4018/978-1-61520-611-7.ch121.

2 The Investopedia Team. "Web 2.0 and Web 3.0." *Investopedia*, May 21, 2022. https://tinyurl.com/2p8tdntc.

3 Owen, Malcolm. "App Tracking Transparency Aimed to Solve a Problem of Apple's Creation." *AppleInsider*, March 14, 2022. https://tinyurl.com/3xyd786w.

4 Kollnig, Konrad, et al. "Goodbye Tracking? Impact of iOS App Tracking Transparency and Privacy Labels." *arXiv*. Cornell University / ACM Conference on Fairness, Accountability, and Transparency, April 7, 2022. https://doi.org/10.48550/arXiv.2204.03556.
5 "Semantic Web." World Wide Web Consortium (W3C). Accessed April 9, 2022. https://www.w3.org/standards/semanticweb/.
6 Rodeck, David and Benjamin Curry. "What Is Blockchain?" *Forbes Advisor*, April 28, 2022. https://tinyurl.com/yeytwdtb.
7 Marr, Bernard. "What Is Web3 All about? an Easy Explanation with Examples." *Forbes*. January 24, 2022. https://tinyurl.com/yc374vhu.
8 Lauer, Alex. "A Huge Portion of Our NFTs Are Fraudulent, Says Largest NFT Marketplace." *InsideHook*, January 28, 2022. https://tinyurl.com/4p93zswm.
9 Lennon, Hailey. "The False Narrative of Bitcoin's Role in Illicit Activity." *Forbes*, January 19, 2021. https://tinyurl.com/mree22wp.
10 Tasner, Michael. "Using NFTs to Grow and Fund Your Small Business." *Forbes*, March 9, 2022. https://tinyurl.com/4tskkxft.